JASPで今すぐはじめる

統計解析入門

心理・教育・看護・社会系のために

清水優菜／山本 光 [著]

講談社

まえがき

　今の時代はビッグデータを用いた統計解析によって様々な決断がなされています。医療をはじめとし、政治や経済など社会的なことがらや個人の購買行動まで、常に膨大なデータが収集されています。そして、それらのビッグデータだけでは意味をなさず、統計解析をしてはじめて、過去の事実を説明したり未来の予測をしたりできるのです。

　このような世の中の流れに対応するべく、現在の学校教育の基礎・基本を決める学習指導要領では、算数や数学をはじめ社会や理科、そして情報などの教科においてデータ分析に関わる内容が盛り込まれています。特に算数や数学では「データの活用」として、小学校から中学校まで系統的に統計解析を学ぶカリキュラムになっています。さらに高等学校では、数学Iに「データの分析」、数学Bでは「統計的な推測」が新たに入り、情報Iが共通科目（必須科目）として位置づけられ「データの活用」を学びます。さらに大学では、文部科学省により「数理・データサイエンス・AI教育プログラム認定制度」が用意され、全国の大学で上記の講義が設置されています。

　しかし、それらを系統的に学ぶ世代が大人になるにはあと十数年かかります。現在の大人たちは、統計解析を学ぶ機会が多くはありませんでした。そのような状況ですが、社会人なら目の前の仕事で統計解析を求められ、大学生ならば卒業論文や修士論文を作成する際にデータを収集し、統計解析をする場面が増えています。

　本書では、統計解析で必要となる数学的な記述は減らし、データの特徴に応じた統計解析の方法や結果の報告の仕方など、今すぐ統計解析をはじめる人たちに向けた内容になっています。そして、初心者にとって使いやすいJASPというソフトウェアを用いて、統計解析の入門ができるようにしました。

　JASPの特徴を他のソフトウェアと比較してみます。仕事で統計解析を行う必要のある人は、SPSSというソフトウェアをご存じかと思いますが、高額な費用が必要となります。一方で無料のソフトウェアであるRをご存じの方もいらっしゃると思いますが、Rはスクリプト（プログラムの一種）を英語で書く必要があり、初心者にはハードルが高いです。本書がおすすめするJASPは、マウス操作が中心（GUI）なのでスクリプトを書く必要がありませんし、利用にあたっては無料です。ただし、JASPの根幹である統計の計算にはRの機能を取り込んでいますので、結果の信憑性は確保されています。また、JASPのVer 0.15以降はメニューも日本語化されました。

	無料	GUI	日本語
JASP	○	○	○
SPSS,SAS	×	○	○
R,RSTUDIO	○	×	△

第1章では、JASPのインストール方法が説明されています。JASPはWindowsやMacOS、Linuxに対応しており、本書ではWindowsとMacOSによるインストール方法を説明しています。また、JASPは日々改善が行われており、バージョンアップが頻繁に行われます。特に支障がないかぎり最新版をご利用ください。第2章では、データの種類やJASPへの読み込み方法が説明されています。統計解析においてデータの形式はとても重要です。調査で得られたデータを整える方法も説明されています。第3章では、統計解析の基本である記述統計が説明されています。データの代表値やデータの表現方法が整理されています。

　第4章では、統計的仮説検定の基本が説明されています。どのような考え方と手順で検定が行われるかを概観します。

　具体的な統計的仮説検定の説明は第5章から第7章です。第5章では2つの項目のデータの平均値を比較するt検定、第6章と第7章では、3つ以上の項目のデータの平均値を比較する分散分析などが説明されています。

　第8章では、母集団に正規分布を仮定しない検定の方法としてノンパラメトリック検定が説明されています。心理や教育、看護などの調査では、対象となるデータが少ない場合や外れ値も含めた統計解析を行いたい場合に、パラメトリック検定が利用されます。

　第9章では、相関の話と無相関検定が説明されています。第5章から第7章では差の検定でしたが、関係を検討するために相関係数を計算します。第10章と第11章では、因果関係を仮定して、その検定を実施する回帰分析が説明されています。第12章では、データの背後に潜む概念を知るための統計解析のひとつである因子分析が説明されています。心理尺度などでは、必ず実施される統計解析です。

　第13章では、数値データではなく計数（個数を数える）データの統計解析としてカイ2乗検定が説明されています。看護や社会系の調査では必須の統計解析です。

　最後に、JASPは難しいプログラミングや数式を必要としないで、統計解析が実行できます。しかし、統計解析の結果を判断するのは我々人間の役目です。盲目的に計算結果を信じるのではなく、結果に矛盾がないか、データが間違っていないか、常に多面的な視点（批判的な視点）で統計解析を実施していただきたいと思います。また、本書は統計解析の入門書ですので、他の応用的な書籍も読んでみて、より統計解析を仕事や研究に活かしていただければと願っています。

2022年7月

清水優菜・山本 光

CONTENTS

本文イラスト／かたおか朋子

JASPのインストール

1.1 JASPとは

　JASP（Jeffreys's Amazing Statistics Program）とはアムステルダム大学を中心に現在進行形で開発されている、統計ソフトウェアのことです。JASPの公式ホームページ（https://jasp-stats.org）では、JASPの特徴としてFree、Friendly、Flexibleがあげられています。

- Free：無料で使用できます。
- Friendly：ユーザーにとって使いやすいグラフィカルユーザーインターフェース（GUI）を採用しており、直感的にマウスで操作できます。
- Flexible：頻度論的分析とベイズ的分析の両方を実行できます。

　JASP以外にも数多の統計ソフトウェアがありますが、この3つの特徴を同時に満たすものはほとんどありません。統計処理ソフトウェアの一例として、IBM社のSPSSやLightStone社のStataはFriendlyかつFlexibleですが、どちらとも有料ソフトウェアであり、経済的に敷居の高いものです。一方、オープンソースでフリーソフトウェアのRやPythonは利用するための費用は掛かりません。しかし、キャラクターインターフェース（CUI）であり、自らスクリプト（プログラムのコード）を書く必要があるなど、学習コストが高いものです。その中で、JASPはFree、Friendly、Flexibleを同時に満たしているだけではなく、アムステルダム大学を中心に多くの研究者や開発者により日々開発が進められています。また、実行される統計処理の計算部分は上記のRが用いられているため、ソフトウェアとしての信頼性が担保されています。さらに、JASP日本語化チームの貢献によって、2021年より日本語での使用が可能となりました。

　本書ではJASPのインストールから、記述統計と推測統計の基本的な方法について説明します。まず、本章ではJASPのインストールの方法をWindowsとMacに分けて説明します。

第1章
第2章
第3章
第4章
第5章
第6章
第7章
第8章
第9章
第10章
第11章
第12章
第13章

1.2 · JASPのインストール（for Windows）

Step1 ● JASPのホームページ（https://jasp-stats.org）にアクセスし、「Download JASP」をクリックします。

Step2 ● 「Download JASP」にて「Windows 64bit」をクリックします。

Step3 ◉ 「ダウンロード」フォルダの「JASP-0.16.2-64bit.msi」ファイルをダブルクリックするとインストールが開始されます。

Step4 ◉ 「I accept the terms in the License Agreement」にチェックして（❶）、「Install」ボタンをクリックします（❷）。

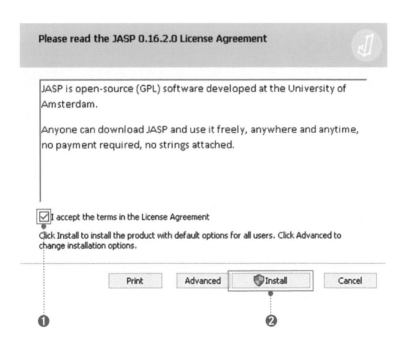

Step5 ◎ しばらくすると、「ユーザーアカウント制御」の画面が新たに開かれるので、「はい」のボタンをクリックします。

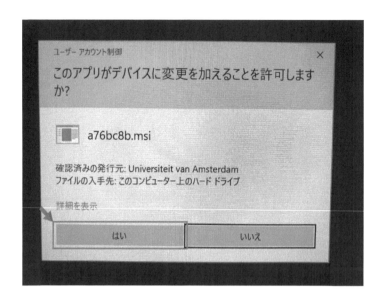

Step6 ◎ ファイルのコピーなどが実行されるので、しばらく待ちます。その後「Completed the JASP 0.16.2.0 Setup Wizard」の表示が現れればインストール完了です。「Finish」のボタンをクリックして終了てす。

1.3 JASPのインストール（for Mac）

Step1 ● JASPのホームページ（https://jasp-stats.org）にアクセスし、「Download JASP」をクリックします。

Step2 ● 「Download JASP」にて「macOS」をクリックします。

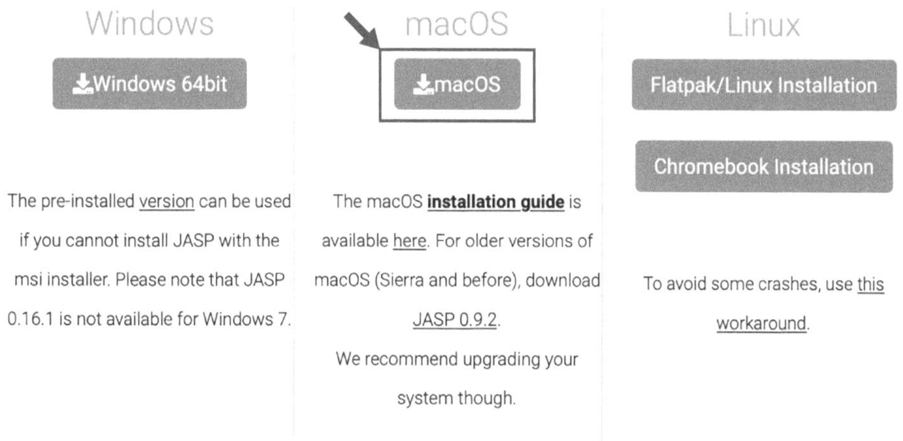

Windows
Windows 64bit
The pre-installed version can be used if you cannot install JASP with the msi installer. Please note that JASP 0.16.1 is not available for Windows 7.
macOS
macOS
The macOS installation guide is available here. For older versions of macOS (Sierra and before), download JASP 0.9.2.
We recommend upgrading your system though.
Linux
Flatpak/Linux Installation
Chromebook Installation
To avoid some crashes, use this workaround.

Step3 ● 「JASP-0.16.2.0.dmg」をクリックし、JASPを「Applications」に移します。

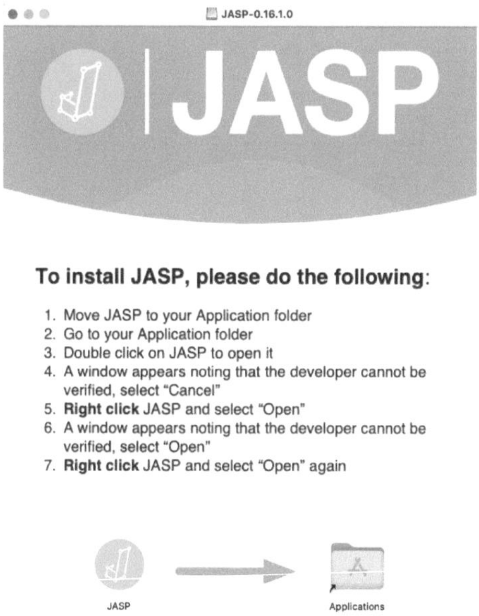

JASP-0.16.1.0
JASP
To install JASP, please do the following:
1. Move JASP to your Application folder
2. Go to your Application folder
3. Double click on JASP to open it
4. A window appears noting that the developer cannot be verified, select "Cancel"
5. Right click JASP and select "Open"
6. A window appears noting that the developer cannot be verified, select "Open"
7. Right click JASP and select "Open" again
JASP
Applications

Step4 ◉ 「Finder」から「アプリケーション」にアクセスし、JASPを右クリックします。
そして、「開く」を選択します。

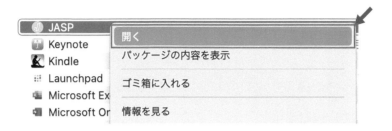

　ここで、「"JASP"の開発元を検証できません。開いてもよろしいですか？」と出てくる
ので、「キャンセル」を選択します。

Step5 ◉ Step4と同様の手続きを行います。そして、「開く」を選択します。

1.4 · JASPの日本語化と設定

Step1 ≡ をクリックし（❶）、「Preferences」（❷）から「Interface」（❸）に進みます。そして、「Preferred language」の「Choose language」を「ja - 日本語」にします（❹）。

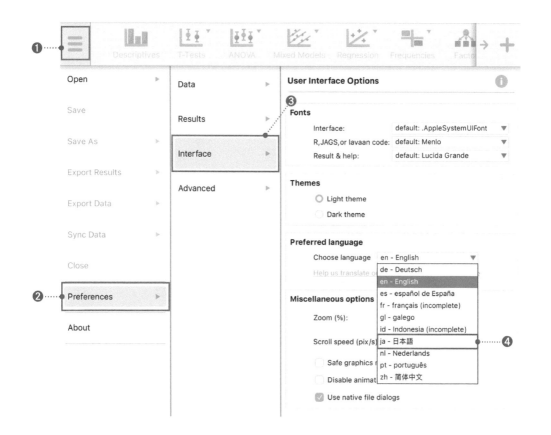

　また、JASPではフォントを変更することができますが、「結果とヘルプ」のフォントをデフォルトから変更すると結果にエラーが出ることがあります。そのため、フォントを変更するのは、「インターフェース」や「R、JAGS、またはlavaanのコード」とすると良いでしょう。

Step2 ◉ 結果の表示を変更する場合には、「結果」をクリックします（❺）。

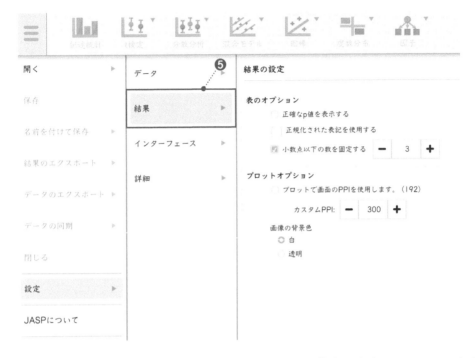

特に、小数の桁数を変更したい場合には、「小数点以下の数を固定する」にチェックをつけ、希望する桁数を入力しましょう。

Column

JASPのバージョンアップ

JASPでは古いバージョンのまま起動すると、以下の図のように「クリックして最新バージョンを入手」というボタンが現れます。これをクリックするとWebブラウザー（Edgeなど）が起動してJASPのWebサイトに接続されます。

JASPの開発は日々行われており、不具合の修正や便利な機能の追加がありますので、必ず最新版で実行しましょう。

第 2 章

データの種類（尺度水準）

2.1 データの種類

　データ分析の前に、本章ではデータの種類と形式、JASPでのデータの読み取り方について説明します。データの種類や形式が間違っているために、データ分析がうまくできないということは多々あるので、それぞれについてきちんと理解しましょう。

　まず、データの種類について説明します。データの種類はその計り方の尺度（ものさし）によって、名義データ、順序データ、間隔データ、比率データに分けられます。

（1）名義データ（名義尺度）

　名義データとは性別や血液型、電話番号、学籍番号などのように、属性のカテゴリーを区別するためのデータのことです。次の「性別」データの例のように、各カテゴリーに数値を割り当てたデータも名義データとなります。このような名義データをダミー変数といいます。

- 男性を1、女性を0とコード化した「性別」データ
- 平成4年生まれを「H04」、令和2年生まれを「R02」とコード化した「誕生年」データ

　名義データには数値を割り当てることがあるものの、その数値は便宜上のものであるため、四則演算（＋－×÷）を行うことは無意味です。例えば、男性を1、女性を0と割り当てた場合、「男性が5人、女性が3人いるので、その平均は5/8になる」ことを求めたとしても、この5/8は何も示していません。そのため、名義データでは、それぞれのカテゴリーに含まれる数や頻度を求めることで、その特徴を検討します。

（2）順序データ（順序尺度）

　順序データとは学校のテストやオリンピックの順位や震度などのように、データの順位や大小を区別するためのデータのことです。名義データと異なり、順序データではその値を比較することで、順位や大小関係がわかります。しかし、名義データと同様に、順序データも四則演算を行うことは無意味です。例えば、学校のテストの順位について、「5位は1位よりもテスト成績が悪かった」とは言えますが、「5位は1位よりも1×5＝5倍テスト成績が悪かった」「5位の成績は1位と4位の成績を合わせたもの」とは言えません。そのため、順序データでも、それぞれのカテゴリーに含まれる数や頻度を求めることで、その特徴を検討します。

（3）間隔データ（間隔尺度）

　間隔データとは摂氏温度や西暦などのように、原点や比に意味はないものの、順序の間隔が等しいデータのことです。例えば、摂氏温度が0℃から10℃、90℃から100℃に上がる場合、どちらとも摂氏温度が10℃上がると考えることができます。このように、間隔データでは足し算・引き算が意味をなします。一方、「10℃の2倍は20℃」「0℃とは摂氏温度がなくなること」とは言えません。つまり、間隔データでは掛け算・割り算を行うことは無意味となります。

　また、社会科学研究では「好き」「やや好き」「やや嫌い」「嫌い」のように、意見や認識の程度を等間隔の選択肢から回答させるリッカート尺度が使用されます。選択肢が4つ以上のリッカート尺度は、その数理的な性質から間隔データとして処理・分析しても問題ないことが知られています。

（4）比率データ（比率尺度）

　比率データとは長さや重さといった物理量のように、原点や比に意味があり、かつ順序の間隔が等しいデータのことです。例えば、長さについて、「5cmと3cmを合わせると8cm」「10cmは5cmの2倍」「0cmは長さがない」と言えます。このように、比率データでは四則演算すべてが意味をなします。

　以上で説明した各データの特徴とJASPでの出力をまとめると、次のようになります。なお、JASPでは間隔・比率データはともに ▨ （スケール）と表示されます。

種類	具体例	計数	大小比較	＋ ―	×÷	JASP
名義データ	性別　血液型　電話番号　学籍番号	○	×	×	×	🔵
順序データ	学校のテストやオリンピックの順位 震度	○	○	×	×	📊
間隔データ	摂氏温度　西暦 選択肢が4以上のリッカート尺度	○	○	○	×	▨
比率データ	長さ　重さ	○	○	○	○	▨

2.2 ：データの形式（整然データvs雑然データ）

　データは以下のように表でまとめることが多いです。このような表を行列といい、行には各個人や個体のデータ、列にデータの項目が示されます。

▼	クラス	通塾	1月の勉強時間	2月の勉強時間	
1	A	yes	288	271	
2	A	no	389	167	
3	B	no	337	302	ID=3 のデータ
4	A	yes	277	294	
5	B	yes	292	370	

1月の勉強時間のデータ

　データはその形式によって、**整然データ**（tidy data）と**雑然データ**（messy data）に分けられます。整然データとは、次の①〜④の特徴を満たすデータのことです。一方、雑然データとは整然データではないデータのことです。

①1つのセルには1つの値のみ入力されている。

②1つの項目のデータは1列に入力されている。

③1個人や個体のデータは1行に入力されている。

④①〜③によって、1つの表ができる。

　整然データと雑然データの具体例を示すと、次のようなものがあります。

（a）雑然データ

ID	年	収入
A	2021, 2022	400
B	2022	450

（b）整然データ

ID	年	収入
A	2021	400
A	2022	400
B	2022	450

　（a）は、IDがAのデータの年に2021と2022という2つの値が含まれているため、雑然データとなります。（a）を整然データに直したものが（b）となります。（b）の各セルには1つの値しか入力されていないため、整然データとなります。

　第3章以降で説明するデータ分析では、整然データであることが前提条件となるので、分析前にデータの形式を確認するようにしてください。

2.3 ∴ JASPによるデータの読み込み

ファイル ▶ 02章データ.csv

Step1 ● ファイル形式を確認します。

JASPでは次のファイル形式を読み込むことができます。

● .csv：カンマ区切りのデータファイル

● .txt：テキストファイル。Excelで.txt形式で保存されたファイルも可

● .sav：IBM SPSSのデータファイル形式

● .ods：Open Document Spreadsheet形式

JASPでは.xlsxや.xlsといったExcelファイルを読み込むことができないことに注意しましょう。Excelファイルを読み込む場合には、.csvや.txt形式にて保存したものを使用します。

Step2 ● ファイルの読み込み先を選択します。

分析ウィンドウにて ≡ をクリックし（❶）、「開く」を選択します（❷）。そして、ファイルの読み込み先を選択します。今回は「02章データ.csv」を読み込みます。

● 最近使ったファイル：最近JASPで使用したファイルです。

● コンピュータ：コンピュータ内のファイルを選択します。

● OSF：Open Science Framework＊で公開されている無料の公開データを選択します。

● データ ライブラリ：JASPに内蔵されている公開データを選択します。

＊ 研究計画やデータ、分析結果などを管理するリポジトリのことで、実際の研究で使用されたデータセットが公開されています。最近では、OSFは査読付き論文の事前登録などに使用されています。

2.4 ・ JASPによるデータハンドリング

　先ほど読み取った「02章データ.csv」を例として、JASPでのデータハンドリング（データを整理・整形する方法）について説明します。データハンドリングを元データのファイル上にて行うと、元データを消してしまうことや間違えたスクリプトによる計算ミスなどのリスクがあります。一方、JASPにてデータハンドリングを行うと、元データが消えることはありませんし、間違えたスクリプトによる計算ミスにも気づきやすいです。

　以下では、よく使用されるデータハンドリングについて、JASPでの方法を説明します。

（1）データの種類を変更する。

　データの種類のマークをクリックすると（❸）、データの水準を変更することができます。

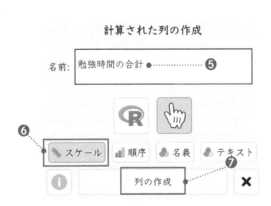

（2）新たな項目を作成する。

　　➕ をクリックすると（❹）、新たな項目を作成するためのウィンドウが出力されます。

計算された列の作成

名前: 勉強時間の合計 ●…………… ❺

❻ ❼

〜 スケール ⅰ順序 🔵 名義 🔵 テキスト

列の作成 ✕

- ● Ⓡ ：Rのコードで新たな項目を作成します。
- ● 👆 ：マウス操作で新たな項目を作成します。

　今回は1月と2月の「勉強時間の合計」という項目を作成しましょう。そのために、名前に「勉強時間の合計」と入力し（❺）、「スケール」を選択します（❻）。また、マウス操作で「勉強時間の合計」を作成します。「列の作成」をクリックすると（❼）、分析ウィンドウが出力されます。

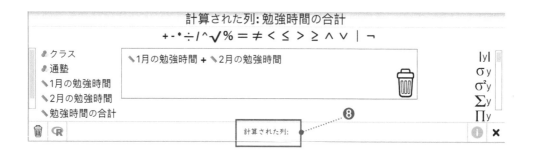

　今回の場合、 ❏1月の勉強時間 、 ＋ 、 ❏2月の勉強時間 の順にクリックしましょう。そして、「計算された列」をクリックすると（❽）、その結果が出力されます。

	クラス	通塾	1月の勉強時間	2月の勉強時間	f_x 勉強時間の合計
1	A	yes	288	271	559
2	A	no	389	167	556
3	B	no	337	302	639
4	A	yes	277	294	571

　また、よく使用される基本的な演算の例を以下にまとめておきます。

記号	演算	具体例	意味
＋	足し算	❏1月の勉強時間 ＋ ❏2月の勉強時間	1月と2月の勉強時間の合計
-	引き算	❏1月の勉強時間 - ❏2月の勉強時間	1月と2月の勉強時間の差
*	掛け算	❏1月の勉強時間 • 2	2倍した1月の勉強時間
÷ (/)	割り算	$\dfrac{❏1月の勉強時間 ＋ ❏2月の勉強時間}{2}$	1月と2月の勉強時間の平均
^	べき乗	❏1月の勉強時間 ^ 2	1月の勉強時間の2乗
√	平方根	$\sqrt{❏1月の勉強時間}$	1月の勉強時間の平方根

（3）**データを抽出する。**

 をクリックすると（❾）、条件に合うデータを抽出するためのウィンドウが出力されます。

例えば、Aクラスで通塾している人を抽出するためには、

$(\clubsuit クラス ＝ A) \wedge (\clubsuit 通塾 ＝ yes)$

と入力します。そして、「パススルーフィルターを適用する」をクリックすると（❿）、その結果が出力されます。

▼	🅰 クラス ▼	🅰 通塾 ▼	📏 1月の勉強時間	📏 2月の勉強時間	✚
1	A	yes	288	271	
2	A	no	389	167	
3	B	no	337	302	
4	A	yes	277	294	
5	B	yes	292	370	
6	B	no	347	207	
7	B	yes	301	352	

また、Aクラス、あるいは通塾している人を抽出するためには、

$(\clubsuit クラス ＝ A) \vee (\clubsuit 通塾 ＝ yes)$

と入力します。

記述統計

3.1 ・ 記述統計と推測統計

　統計では分析や考察の対象となる集団のことを**母集団**（population）といい、母集団の特徴を表す数値のことを**パラメータ**といいます。そして、母集団やパラメータに対するアプローチによって、統計は**記述統計**と**推測統計**に分かれます。

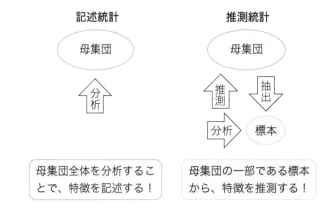

　記述統計とは母集団全体のデータを分析し、パラメータを記述するものです。母集団全体を対象に行われる調査のことを**全数調査**（悉皆調査）といいますが、全数調査で得られたデータからパラメータを求めるのが記述統計となります。全数調査の具体例として、国勢調査や職場や学校での健康診断があります。前者は日本に住む人の居住の実態、後者は社員や児童・生徒の健康状態の特徴を記述統計により把握しようとするものです。全数調査にはパラメータを正確に把握できる利点があるものの、母集団が大きいと調査や費用などの負担が大きくなってしまう欠点があります。

　この全数調査の欠点に対して、多くの場面では母集団の一部（標本）にのみ実験や調査を行い、データを得る**標本調査**が行われます。そして、得られた標本からパラメータを推測する、つまり推測統計に基づく分析が行われるのです。標本調査と推測統計において何より重要なのは**データの代表性**です。データの代表性とは母集団全体を偏りなく正確に反映している性質のことです。データの代表性が低い場合には、たとえ分析者にとって想定通りで望ましいパラメータが得られたとしても、それが母集団の特徴を反映していると考えることができません。そのため、標本調査や推測統計を行う場合には、そもそも母集団は何であるのか、

標本の代表性は担保されているのかということを第一に確認することが重要となります。

　ここから記述統計と推測統計それぞれについて説明します。本章では記述統計で使用される指標とグラフの意味とJASPでの求め方、次章以降では推測統計の理論とJASPでの方法について説明します。

3.2　代表値（平均値、中央値、最頻値）

　記述統計の主な指標として、**代表値**があります。代表値とは母集団の中心的な傾向を表すパラメータのことで、**平均値**（Mean：M）、**中央値**（Median：Med）、**最頻値**（Mode：Mo）がよく用いられます。

（1）平均値

　平均値とはデータの総和を個数で割った値のことです。例えば、5人の生徒のテスト得点が40、50、60、70、80（点）であったとすると、その平均値は

$$\frac{40+50+60+70+80}{5}=\frac{300}{5}=60点$$

となります。また、この例を図で表すと次のようになります。図のように、平均値はデータのつり合いの位置、つまり重心になることが知られています。

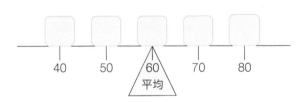

　平均値はデータの重心であるため、外れ値（異常値）と呼ばれる極端な値から強く影響を受けます。例えば、5人の生徒のテスト得点が10、10、20、20、100（点）であったとすると、その平均値は

$$\frac{10+10+20+20+100}{5}=\frac{160}{5}=32点$$

となります。5人中4人が20点以下の点数かつ32点前後の得点の人がいないので、平均値32点を代表値と考えることは難しいでしょう。

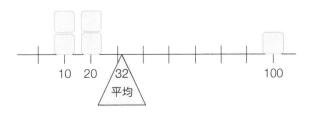

（2）中央値

外れ値の影響を受けない代表値の1つとして、中央値があります。中央値はデータを小さい（大きい）順に並べたとき、ちょうど真ん中にある値のことです。平均値と異なり、中央値はすべてのデータを用いて計算しないため、外れ値の影響を受けません。例えば、5人の生徒のテスト得点が10、10、20、20、100（点）であったとすると、その中央値は20点となります。また、データが偶数個ある場合には、真ん中にある値は2つあるので、①その両方を中央値にする、②その両方の平均値を中央値にする、いずれかの方法をとります。

（3）最頻値

中央値と同様に、外れ値の影響を受けない代表値として、最頻値があります。最頻値はデータの中で最も個数の多い値のことです。最頻値は複数存在することもありますし、すべてのデータが異なる値の場合には「最頻値なし」と考えます。例えば、5人の生徒のテスト得点が10、10、20、20、100（点）であったとすると、その最頻値は10点と20点になります。

また、平均値は比率・間隔データといった連続データでしか用いることができませんが、中央値と最頻値は四則演算を基本的に用いていないので順序データでも用いることができます。例えば、プロ野球チームAのリーグ戦の順位が過去5年で2、6、3、2、2（位）であったとすると、中央値は2位、最頻値は2位となります。

3.3 ・ 散布度

母集団の中心的な傾向だけではなく、その傾向がどの程度ばらつくのかということも重要です。例えば、会社AとBはともに平均年収が400万円ですが、A社ではほとんどの社員の平均年収が350〜450万円であるのに対し、B社では平均年収が200万円程度の社員と600万円程度の社員に二極化しているとします。平均年収、つまり代表値だけではAとBのどちらに就職しても（給与面では）相違ないと考えることができますが、平均年収の散らばりを踏まえるとそうはいかないでしょう。このように、記述統計では母集団の中心傾向だけではなく、その傾向の散らばり具合に関するパラメータである散布度も重要となります。よく使用される散布度として、範囲（range）、四分位数（quartile）、分散（variance）、標準偏差（standard deviation：SD）があります。

（1）範囲

範囲とはデータの最大値から最小値を引いた値のことです。例えば、A組のテスト得点の最大値が100点、最小値が10点であったとすると、その範囲は90点となります。

（2）四分位数

中央値の考え方に基づいた散布度として、四分位数があります。データを小さい順に並べ

たとき、25％の位置にある数を第1四分位数（25th percentile）、50％の位置にある数（中央値）を第2四分位数（50th percentile）、75％の位置にある数を第3四分位数（75th percentile）、第1から第3四分位数を合わせて四分位数といいます。

また第2四分位数は中央値と同じです。

例えば、7人の生徒のテスト得点が10、10、10、20、35、40、55（点）であったとすると、四分位数は次のようになります。

（3）分散

平均値の考え方に基づくと、各データと平均値の差である偏差を散布度として用いることが考えられるでしょう。具体例として、5人の生徒のテスト得点が30、40、50、60、70（点）であった場合を考えます。このデータについて、偏差とその総和を求めると次のようになります。この例のように、どのようなデータであっても、偏差の総和は正負が相殺されて、0になってしまいます。

データ	偏差（点）	偏差の2乗（点×点）
30	−20	400
40	−10	100
50	0	0
60	10	100
70	20	400
総和	0	1000

そこで、実数の2乗は正（または0）になることを利用して、偏差の2乗の総和を求めます。ただし、データ数が大きくなると偏差の2乗の総和も大きくなるので、平均値と同様に、偏差の2乗の総和をデータ数で割った値を散布度として用います。この値のことを分散といいます。分散は0以上の値をとり、その値が大きいほどデータの散らばりが大きいと考えます。

例えば、前ページの表での分散は

$$\frac{400+100+0+100+400}{5}=200（点×点）$$

となります。例の分散の単位が（点 × 点）となっているように、分散の単位は元データの単位を2乗したものになります。そのため、平均と分散の値を比較、計算することはできないことに注意してください。

（4）標準偏差

分散の単位を元データと合わせるために、分散の正の平方根である標準偏差が散布度として特に使用されます。元データと標準偏差の単位は一致するので、比較や計算をすることができるようになります。分散と同様に、標準偏差も0以上の値をとり、その値が大きいほどデータの散らばりが大きいと考えます。

例えば、前ページの表での標準偏差は

$$標準偏差=\sqrt{分散}=\sqrt{\frac{400+100+0+100+400}{5}}=\sqrt{200}≒14.14点$$

となります。

3.4 ・ 表やグラフ

記述統計では代表値や散布度などの数値情報だけではなく、表やグラフを用いて視覚的に母集団の特徴を示します。そこで、記述統計でよく使用される表やグラフとして、度数分布表（frequency table）、ヒストグラム（histogram）、箱ひげ図（box plot）、棒グラフ、折れ線グラフ、円グラフ、レーダーチャートについて説明します。

（1）度数分布表

度数分布表とはデータを一定の間隔ごとに区切り、間隔ごとに含まれるデータの個数をまとめた表のことです。度数分布表では、間隔の範囲を階級、各階級に含まれるデータの個数を度数、度数をデータ数で割った値を相対度数、その階級までに含まれる度数の合計を累積度数といいます。度数分布の例として、ある科目の受講者50人のテスト成績を度数分布表にまとめたものを次ページに示します。

度数分布表はどのようなデータについても作成可能ですが、JASPでは名義・順序データについてのみ作成可能です。そのため、連続データの度数分布表を作るには、他の表計算ソフトにて作成する必要があります。

階級（点） 以上～未満	度数	相対度数	累積度数
30〜35	3	0.06	3
35〜40	2	0.04	5
40〜45	7	0.14	12
45〜50	14	0.28	26
50〜55	7	0.14	33
55〜60	10	0.20	43
60〜65	3	0.06	46
65〜70	2	0.04	48
70〜75	1	0.02	49
75〜80	1	0.02	50

（2）ヒストグラム

　ヒストグラムとは度数分布表の階級を横軸、度数を縦軸にしたグラフのことです。例えば、先のテスト成績のヒストグラムをJASPで作成すると右のようになります。

　度数分布表と異なり、JASPではどのようなデータであってもヒストグラムを作成可能です。

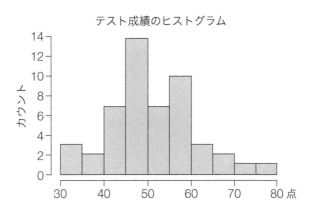

（3）箱ひげ図

　箱ひげ図とは四分位数を箱、最小値と最大値をひげ（線）で表したグラフのことです。縦置きの箱ひげ図では、横線の下から順に最小値、第1四分位数、第2四分位数、第3四分位数、最大値を表しています。また、JASPでは外れ値（と考えられる）のデータがプロットされます。

　例えば、先のテスト成績の箱ひげ図をJASPで作成すると右のようになります。

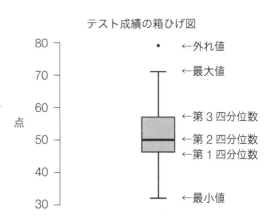

（4）棒グラフ

棒グラフとはデータ量を縦軸にしたグラフのことで、量の大小を比較するときに使用します。例えば、A、B、C、D、E市における1年間の餃子支出平均額（円）を比較するときに、棒グラフを使用します。ただし、JASPでは棒グラフを作成することができないので、他のアプリケーションで作成する必要があります。

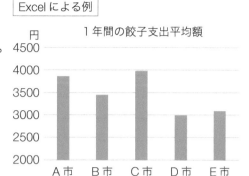

（5）折れ線グラフ

折れ線グラフとは横軸を時間（日、月、年など）、縦軸をデータ量にしたグラフのことで、データの時間的な変化を検討するときに使用します。例えば、あるパン屋における1ヶ月ごとのいちごジャムの売上価格（万円）の推移を検討するときに、折れ線グラフを使用します。ただし、JASPでは折れ線グラフを作成することができないので、他のアプリケーションで作成する必要があります。

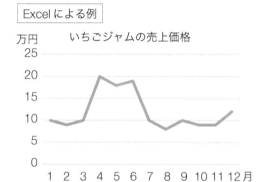

（6）円グラフ

円グラフとは円全体の面積を100%として、ある項目の構成比をおうぎ形の面積で表したグラフのことで、全体の中での構成比を検討するときに使用します。例えば、ある家電製品Xのメーカーの割合を比較するときに、円グラフを使用します。なお、JASPでは円グラフを作成することができます。

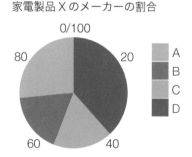

（7）レーダーチャート

レーダーチャートとは複数項目のデータ量を同時に1つのグラフで表したもので、複数項目間のバランスを検討するときに使用します。例えば、国語、数学、英語、理科、社会のテスト得点について、Aくんとクラス平均のバランスを検討するときに、レーダーチャートを使用します。ただし、JASPではレーダーチャートを作成することができないので、他のアプリケーションで作成する必要があります。

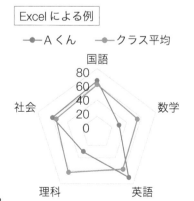

3.5 · JASPによる記述統計

ファイル ▶ 03章データ.csv

3.5.1 データの用意

A組の生徒40人の国語、数学、英語のテスト得点について、記述統計によりその特徴を検討します。また、生徒が放課後に行われた選択科目A、B、Cのいずれを受講したのかを「選択科目」に記しています。

3.5.2 記述統計の実施

Step1 ◈ メニューにある「記述統計」をクリックします（❶）。

Step2 ◈ 記述統計により検討するデータを設定します。

今回の場合、国語、数学、英語を「変数」に移します（❷）。

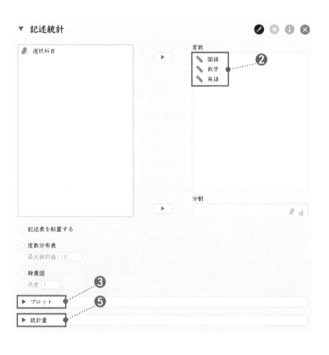

Step3 ● 分析ウィンドウにある「プロット」をクリックし（❸）、出力するグラフを選択します。

　今回の場合、テスト得点は連続データであるので箱ひげ図のみを出力します。そのために、「箱ひげ図」にチェックをつけます（❹）。「箱ひげ図」のオプションは次のことに対応していますが、今回は簡単な図にするため、「箱ひげ図要素」のみとします。

● 箱ひげ図要素：箱ひげ図を出力します。
● バイオリン要素：分布の密度を出力します。
● Jitter要素：各データを点で出力します。
● カラーパレットを使用：箱ひげ図などに色をつけます。
● 外れ値をラベル：外れ値に対応するID番号をつけます。

Step4 ● 分析ウィンドウにある「統計量」をクリックし（❺）、出力する代表値や散布度を選択します。

　今回の場合、代表値として「中央値」と「平均値」、散布度として「標準偏差」「範囲」「最小値」「最大値」「四分位数」にチェックをつけます。

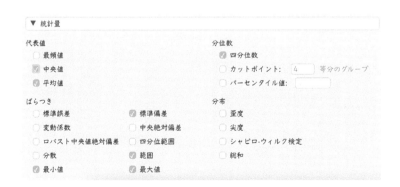

24

まず、代表値と散布度を確認します。「結果」にある「記述統計」に選択した代表値や散布度が出力されています。

記述統計

	国語	数学	英語
妥当	40	40	40
欠損値	0	0	0
中央値	71.000	50.000	65.000
平均値	71.375	50.025	67.175
標準偏差	4.418	6.278	10.392
範囲	15.000	29.000	39.000
最小値	65.000	36.000	49.000
最大値	80.000	65.000	88.000
25th percentile	68.000	46.000	58.750
50th percentile	71.000	50.000	65.000
75th percentile	75.000	54.250	74.250

ここでは、国語のテスト得点について確認します。代表値について、中央値が71.000、平均値が71.375であり、両方とも類似した値となりました。そのため、国語のテスト得点は71点前後が中心的な位置にあると考えることができます。次に散布度について、標準偏差が4.418点、範囲が15点、最小値が65点、最大値が80点、第1四分位数が68点、第3四分位数が75点となりました。特に、標準偏差に着目すると、国語の値が最小であるため、3教科の中で国語のテスト得点の散らばりが最も小さいことがわかります。

次に、箱ひげ図を確認します。

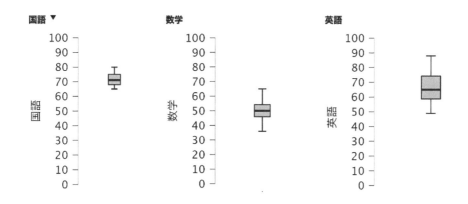

箱ひげ図から、英語と比べて国語と数学の得点は箱が小さく、散らばりが小さいことがわかります。また、数学と比べて国語の得点はひげが短いため、範囲が狭く、より散らばりが小さいことがわかります。

なお、箱ひげ図の縦軸の値を指定するには、「　▼　」をクリックし（❻）、「画像の編集」を選択します（❼）。

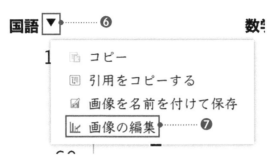

そして、出力された編集ウィンドウにて「y軸」を選択し、「軸の表示」の「From」に軸の下限、「To」に軸の上限、「ステップ」に軸の幅を指定します。

Step6 ◉ グループや条件ごとに代表値や散布度を出力するために、そのグループや条件を「分割」に移します（❽）。

　今回の場合、選択科目を「分割」に移すと、選択科目A〜Cごとの代表値と散布度、箱ひげ図が出力されます。例えば、代表値と散布度は次のような結果が出力されます。

記述統計

	国語		
	A	B	C
妥当	21	13	6
欠損値	0	0	0
平均値	71.762	71.231	70.333
標準偏差	4.582	4.693	3.670
最小値	65.000	65.000	65.000
最大値	79.000	80.000	75.000
25th percentile	68.000	66.000	68.250
50th percentile	71.000	71.000	70.500
75th percentile	76.000	75.000	72.750

統計的仮説検定

4.1 · 推測統計

　第3章では記述統計の方法について説明してきましたが、ここからは推測統計の方法について説明します。推測統計の重要な概念として、統計量、推定量、推定値があります。

　統計量とは標本から計算して求めることができる値、またはその計算方法のことです。第3章で説明した代表値や散布度は統計量となります。推測統計では母集団から標本を抽出して統計量を求めているため、その値は確率的に変動します。例えば、あるレストランのハンバーグMサイズの重さについて、ハンバーグ10個からなる標本をつくったとします。このとき、標本ごとに平均を求めると、その値は微妙に異なり、分布します。このような統計量の分布のことを標本分布といいます。

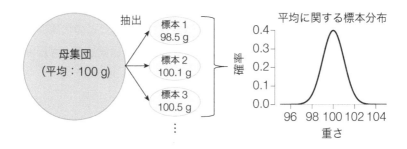

　推定量とは推測統計に使用される統計量、推定値とはデータから計算された推定量のことです。推定量と推定値は異なる概念であるので、注意しましょう。

　そして、推測統計は統計的推定と統計的仮説検定の2つに分かれます。統計的推定は興味のあるパラメータの値を評価することを意味し、さらに点推定と区間推定に分かれます。点推定は1つの値によって、区間推定はある区間の幅によってパラメータを評価することです。一方、統計的仮説検定はパラメータに関する仮説を立て、得られたデータをもとにその仮説を評価することです。

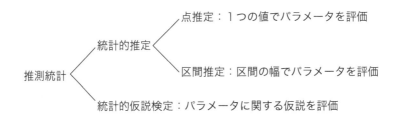

4.2 · 点推定

点推定は最尤法（さいゆう）や最小2乗法、ベイズ法など様々な方法によって、その推定量を求めます。どのような方法を用いた場合であっても、推定量は不偏性と一致性という2つの性質を満たすことが望ましいと考えられています。

不偏性とは推定量の平均がパラメータと一致する、つまり推定量がパラメータを中心に分布するという性質です。推定量が不偏性を有するかは数学的に証明され、JASPでは不偏性を有する推定量が算出されます。

一致性とはサンプルサイズ（標本の大きさ）を大きくしたときに、推定量がパラメータの値に限りなく近づくという性質です。一致性を満たすにはどの程度までサンプルサイズを大きくすれば良いのかと思うかもしれませんが、その答えはありません。重要なのはサンプルサイズが大きいほど、一致性の観点から良い推定量であるということです。

そして、推定量の精度は標準誤差（standard error）という指標により評価します。標準誤差とは推定量の散らばりの程度を表すもので、その値が小さいほど推定量の散らばりが小さく、良い結果と考えます。この標準誤差と第3章で説明した標準偏差はまったく異なる概念であるので、注意しましょう。

4.3 · 区間推定

区間推定をより厳密に説明すると、パラメータがL以上U未満の区間に含まれる確率が$1-\alpha$となるLとUを求めることです。設定した確率$1-\alpha$を信頼係数、区間の下限Lを下側信頼限界、区間の上限Uを上側信頼限界、推定された区間を$100(1-\alpha)$％信頼区間（confidence interval：CI）といいます。信頼係数には0.999（$\alpha=0.001$）、0.99（$\alpha=0.01$）、0.95（$\alpha=0.05$）がよく使用されます。

区間推定では、推定するパラメータの本当の値はわからないが特定の値をとることを前提としており、パラメータが信頼区間の中で変動するのではなく、信頼区間の両端が変動すると考えます。そのため、$100(1-\alpha)$％信頼区間は「パラメータが$100(1-\alpha)$％の確率で含まれる区間」ではなく、「信頼区間の推定を繰り返すと、そのうち$100(1-\alpha)$％はパラメータを含んでいる区間」と解釈します。前者を信頼区間の正しい解釈と勘違いしている人が多いですが、誤りなので注意してください。

例えば、95％信頼区間は「信頼区間の推定を繰り返すと、そのうち95％はパラメータを含んでいる区間」となります。つまり、95％信頼区間では「信頼区間の推定を繰り返すと、20回に1回は信頼区間にパラメータが含まれない」ことになります。

95％信頼区間のイメージを図で表すと次のようになります。

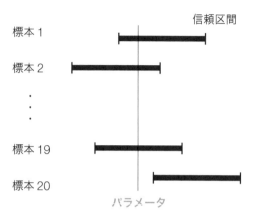

4.4 統計的仮説検定の手順

　統計的仮説検定は高校数学で学習した背理法と似た考え方を用いて、パラメータに関する仮説を評価します。背理法と統計的仮説検定の考え方をまとめると次のようになります。

背理法	統計的仮説検定
①命題「Aである」を証明します。	①「パラメータはaと異なる」を証明します。
②否定命題「Aではない」を仮定します。	②「パラメータはaと等しい」を仮定します。
③仮定した「Aではない」の矛盾を見つけ、否定します。	③得られたデータから「パラメータはaと等しい」の確率が低いことを示し、否定します。
④命題「Aである」が証明されます。	④「パラメータはaと異なる」が証明されます。

　背理法では数学的な矛盾を導きますが、統計的仮説検定では得られたデータから仮定したことが生じる確率が低いことを示します。背理法と異なり、統計的仮説検定は確率に基づいているため、間違いを犯す可能性があります。そのため、統計的仮説検定ではどの程度まで間違いを犯す可能性を許容することができるかということを事前に決める必要があります。

ここから統計的仮説検定のより詳細な手順を説明していきます。統計的仮説検定の手順は、次のようになります。

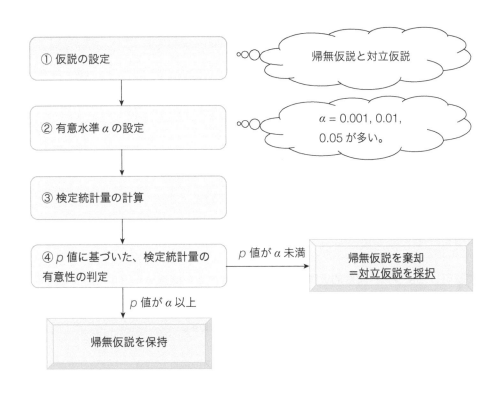

Step 1 ● 仮説を設定します。

　統計的仮説検定ではパラメータに関する仮説として、帰無仮説（null hypothesis：H_0）と対立仮説（alternative hypothesis：H_1）を立てます。帰無仮説とは「2条件AとBの母平均は等しい（$\mu_A = \mu_B$）」のように、否定されてほしい、「無に帰したい」仮説のことです。一方、対立仮説とは「2条件AとBで母平均は等しくない（$\mu_A \neq \mu_B$）」のように、帰無仮説とは相反する、肯定したい仮説のことです。

　さらに、対立仮説は両側対立仮説と片側対立仮説に分かれます。両側対立仮説とは「2条件AとBの母平均は等しくない（$\mu_A \neq \mu_B$）」のように、パラメータが特定の値と異なるかに関する対立仮説です。片側対立仮説とは「条件Bよりも条件Aの母平均のほうが大きい（$\mu_A > \mu_B$）」のように、パラメータが特定の値より大きい（小さい）かに関する対立仮説です。どちらの対立仮説を選択するかは分析者の興味や仮説に基づき決定しますが、ほとんどの場合には両側対立仮説を用います。片側対立仮説を用いるのは、「必ず条件Bよりも条件Aの母平均のほうが大きい（$\mu_A > \mu_B$）」と言い切れるときです。そこで、以下では対立仮説の中でも両側対立仮説に基づいて説明していきます。どちらの対立仮説を使用すべきか悩んだ場合には、両側対立仮説を用いると良いでしょう。

　また、検定によって帰無仮説と対立仮説は決まっています。帰無仮説が何かわからないと、分析結果を読み解くことができないので、分析前には必ず帰無仮説を確認しましょう。代表的な検定での帰無仮説と対立仮説は次の通りです。

検定	帰無仮説	両側対立仮説	片側対立仮説
t検定 母平均に関する検定	条件A、Bの母平均をμ_A、μ_Bとすると、 $\mu_A = \mu_B$	$\mu_A \neq \mu_B$	$\mu_A > \mu_B$ or $\mu_A < \mu_B$
F検定 母分散に関する検定	条件A、Bの母分散をσ_A^2、σ_B^2とすると、 $\sigma_A^2 = \sigma_B^2$	$\sigma_A^2 \neq \sigma_B^2$	$\sigma_A^2 > \sigma_B^2$ or $\sigma_A^2 < \sigma_B^2$
無相関検定	母相関係数をρとすると、 $\rho = 0$	$\rho \neq 0$	$\rho > 0$ or $\rho < 0$

Step 2 ◉ 有意水準αを設定します。

　前で説明したように、統計的仮説検定ではどの程度まで間違いを犯す可能性を許容することができるかということを事前に決めます。そもそも帰無仮説と対立仮説に関する判断の間違いには、第1種の誤りと第2種の誤りの2つがあります。

分析者の判断 ＼ 事実	対立仮説が正しい	対立仮説が誤り
対立仮説が正しい	正しい判断 $1 - \beta$	第1種の誤り α
対立仮説が誤り	第2種の誤り β	正しい判断 $1 - \alpha$

　第1種の誤りは対立仮説が誤りのときに、正しいと言ってしまう誤りのことです。つまり、「間違っている仮説を正しいと言ってしまう」ことが第1種の誤りです。第1種の誤りを犯す確率αを有意水準（significance level）といい、0.001（0.1%）、0.01（1%）、0.05（5%）に設定されることが多いです。例えば、有意水準$\alpha = 0.05$は「間違っている仮説を正しいと言ってしまう確率が5%あること」を意味しています。なお、本書では有意水準$\alpha = 0.05$を基準として、次章以降の説明を進めていきます。

　一方、第2種の誤りは対立仮説が正しいときに、間違っていると言ってしまう誤りのことです。つまり、「正しい仮説を間違っていると言ってしまうこと」が第2種の誤りです。第2種の誤りを犯す確率をβとすると、正しい仮説を正しいと言う確率$1 - \beta$は検出力（power）と呼ばれます。分野によっては、検出力を事前に決定したうえで調査や実験を行います。なお、有意水準αを小さくする、あるいはサンプルサイズを大きくすることで検出力は高くなります。

Step 3 ◉ 検定統計量を計算します。

　検定統計量とは統計的仮説検定に用いる統計量のことです。分析によって検定統計量は決まっており、JASPでは自動的に計算されます。

Step 4 ◉ p 値に基づいて、検定統計量の有意性を判定します。

　検定統計量が帰無仮説と対立仮説のいずれを支持するかを検討するために、帰無仮説が正しいときの検定統計量の確率分布を考えます。この確率分布について、有意水準 α 未満の確率が起こる範囲を棄却域、棄却域以外の範囲を受容域、棄却域と受容域の境目を臨界値といいます。そして、検定統計量が棄却域に含まれるとき、帰無仮説とは矛盾する結果が得られたと考えて、帰無仮説を棄却（reject）し、対立仮説を採択（accept）します。このことを「有意水準 α で統計的に有意である」（単に、「有意である」とも）といいます。

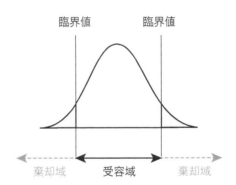

　検定統計量が有意水準 α で統計的に有意であるかは、p 値（p - value）と呼ばれる指標で確認します。p 値は帰無仮説が正しいとき検定統計量が得られる確率のことです。決して、「対立仮説が正しい確率」や「パラメータの大きさに関する指標」、「パラメータの重要性に関する指標」ではないことに注意してください。p 値が設定した有意水準 α を下回る場合、「帰無仮説が正しいときにはめったに起こらないことが起きた。これは帰無仮説が間違っているからだ」と考えて、帰無仮説を棄却します。

　また、平均の差や関係の強さなどを「効果の大きさ」とすると、（サンプルサイズ）×（効果の大きさ）が大きいほど、p 値は小さくなることが知られています。つまり、たとえ効果が小さくても、対象者や個体数が多ければ（＝サンプルサイズが大きい）、小さい p 値が得られるということです。この性質から、p 値が5%未満になるまでサンプルサイズを大きくすることや分析を繰り返すことなどの p 値ハッキングが多くの研究で行われ、世界的な問題となっています。なぜなら、p 値ハッキングにより結果の再現可能性が損なわれ、その分野の信用や信頼が低下するからです。これから分析を行うみなさんは、p 値を正しく理解したうえで、決して p 値ハッキングを行わないようにしましょう。

4.5 ・ 効果量

p値の誤用やハッキングを背景として、近年ではp値だけではなく効果量（effect size）を分析結果として報告することが推奨されています。効果量とはデータの単位に左右されない、「効果の大きさ」に関する指標のことです。効果量はdやη^2など、分析によって様々なものがあります。第5章以降の分析では、それぞれの分析で用いる効果量の意味と目安について説明しているので、必ず確認するようにしましょう。また、本書の巻末（p.146〜147）に効果量の意味と目安の一覧をまとめているので、そちらも適宜参照してください。

Column

p値に関するアメリカ統計協会の声明

アメリカ統計協会（American Statistical Association）は、2016年3月に、p値に関する6つの原則を提示しました。6つの原則は次の通りです。
① p値はデータが特定の統計モデル（帰無分布）とどの程度整合しないかを表す指標です。
② p値は研究している仮説が正しい確率、あるいはデータが偶然得られる確率ではありません。
③ p値は統計モデルや仮説に関する良い証拠を与えるものではありません。
④ p値と統計的有意性は効果の大きさと結果の重要性を測定していません。
⑤ 科学、ビジネス、政策における決定は、p値が一定の値に達したかのみに基づくべきではありません。
⑥ 適切な推測には、十分な報告と透明性が必要です。

Column

帰無仮説を「採択」ではなく「保持」する理由

帰無仮説を棄却できないという結果は、「帰無仮説が正しい」可能性だけではなく、「対立仮説が正しいのに、帰無仮説を正しいと言ってしまう」（第2種の誤り）可能性があることを意味しています。そのため、得られたp値が設定した有意水準より大きい場合、帰無仮説について「正しいので、採択する」のではなく、「何も言えないので、保持する」と考えます。つまり、帰無仮説を棄却できないという結果は、「効果（差）がない」ことを意味するものではないのです。

t検定

5.1 ・ t 検定とは

場面の例

指導法Aではなく指導法Bを実施したクラスはテストの平均点が3点高い。指導法Bのほうが効果的だ。

新薬の導入前後でコレステロール値が10mg/dl下がった。この新薬はコレステロールを下げるんだね。

　例のように、2つの条件間で平均値を比較することはよくあります。しかし、「平均点が3点高い」や「コレステロール値が10 mg/dl下がった」ことは統計学的に必然なのでしょうか。それとも、偶然なのでしょうか。このような疑問、つまり2つの条件間で平均値に統計学的に差があるかないかを検討する場合には、t検定（t-test）と呼ばれる手法を用います。t検定では、t値と呼ばれる検定統計量を用いて、次の帰無仮説と対立仮説を検討します。

● 帰無仮説：2つの条件間で、平均値が等しい

● 対立仮説：2つの条件間で、平均値が等しくない（≒平均値に差がある）

　得られたp値が設定した有意水準より小さい場合には、「2つの条件間で、平均値が等しい」（帰無仮説）を棄却して、「2つの条件間で、平均値は等しくない（≒平均値に差がある）」（対立仮説）を採択します。

　そして、p値は平均値の差の大きさを示すものではないので、効果量を用いてその大きさを評価します。t検定の効果量には、一般的にCohen's dが用いられます。効果量dは、「平均値の差は標準偏差の何倍であるか」を表しています。例えば、$d = 0.50$の場合には、2つのグループの平均値の差は標準偏差の0.50倍分ということになります。

なお、効果量dの大きさの目安は次の通りです。

目安	d の大きさ
わずかな（trivial）効果（差）	0.20未満
小さい（small）効果（差）	0.20以上0.50未満
中程度の（medium）効果（差）	0.50以上0.80未満
大きい（large）効果（差）	0.80以上

Cohen, J. (1988). *Statistical power analysis for the behavioral sciences* (2nd ed.). Lawrence Erlbaum Associates, Publishers.

　また、t検定を独立変数と従属変数という枠組みで考えてみましょう。2つの条件間で平均値が異なるということは、条件の違いによって平均値に差が生じると考えることができます。このように考えると、t検定は条件の違いが平均値の差をつくるのかを分析している手法と考えることもできます。そのため、t検定、さらには平均値の差の検定では、条件の違いを独立変数、平均値の差を検討したい変数を従属変数とみなすことができます。この考えに基づくと、t検定は回帰分析（第10章）にて行うことができます。

Column

t検定の効果量

　JASPのt検定では、効果量としてCohen's dだけではなく、Glass's dとHedges's gを求めることができます。それぞれの解釈と特徴は次の通りです。なお、これらの指標の大きさの目安はCohen's dと同じです。

Glass's d

解釈

「実験群と統制群の平均値の差は統制群の標準偏差の何倍であるか」を表しています。

特徴

● 実験群と統制群を設定した場合に使用する効果量です。

Hedges's g

解釈

「平均値の差は不偏標準偏差（母集団の推定に使用される標準偏差）の何倍であるか」を表しています。

特徴

● Cohen's dよりも母集団の効果量を正確に推定しようとする指標です。

● サンプルサイズが20以下と小さい場合には使用すると良いです。

5.2 データの対応の有無

t 検定だけではなく統計解析を行ううえで、データが対応なし（independent samples）か対応あり（paired/dependent samples）かを確認する必要があります。それぞれの定義と具体例は次の通りです。

（1）対応なしデータ

異なる人やもの、動物から異なる条件のデータを集める場合です。具体例は次の通りです。

● 無作為にワクチンA、Bのいずれかに割り当て、摂取後の疾病状態を調べる。

● 生徒を指導法C、D、Eのどちらかに割り当て、実施後にテストを行う。

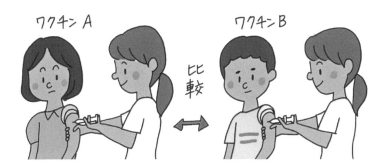

（2）対応ありデータ

同じ人やもの、動物から異なる条件のデータを集める場合です。具体例は次の通りです。

● 新薬導入前後にコレステロール値を測定する。

● 知能テストを4月、6月、8月に実施する。

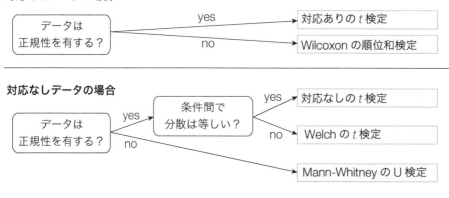

5.3 ・ t 検定を行う前に

t 検定を行う前に、次の2つのことに注意する必要があります。分析を行う前、あるいは最中に必ず確認するようにしてください。

（1）用いるデータは間隔データか比率データであるか？

そもそも t 検定は間隔データか比率データにしか実施できない分析です。そのため、ある法案に賛成した人数と反対した人数のどちらが多いのかを検討するというような、名義データの分析には用いることができません。名義尺度のデータの分析には、第13章で説明するカイ2乗検定を行いましょう。

（2）データの特徴にあった t 検定（t 値の求め方）を選択しているか？

データの特徴によって、t 検定で用いる t 値の求め方が異なり、その求め方によって検定の名称自体も異なることに注意してください。なお、どの検定を用いるかについては、下の手順に従うと良いでしょう。

データの正規性に関する検定として、Shapiro-Wilk検定があります。この検定では、検定統計量 W を用いて、次の帰無仮説と対立仮説を検討します。

● 帰無仮説：データは正規性を有する（＝正規分布に従う）
● 対立仮説：データは正規性を有さない（＝正規分布に従わない）

Shapiro-Wilk検定では、p 値が設定した有意水準よりも大きい場合にデータが正規性を有すると判断します。つまり、p 値が大きいほど望ましい結果ということになり、多くの検定の考え方とは異なるものであることに注意してください。

また、データの等分散性に関する検定として、Levene検定があります。この検定では、検定統計量 F を用いて、次の帰無仮説と対立仮説を検討します。

● 帰無仮説：条件間で分散が等しい
● 対立仮説：条件間で分散が等しくない

Levene検定では、p 値が設定した有意水準よりも大きい場合に条件間で分散が等しいと判断します。つまり、Shapiro-Wilk検定と同様に、p 値が大きいほど望ましい結果であることに注意してください。

Column

Cohen's d の大きさの目安

Cohen's d の大きさの目安として、p.36で示した以外のものを、以下の表に記します。

目安	dの大きさ		
	Gignac & Szodorai (2016)	Kraft (2020)	Lovakov & Agadullina (2021)
わずかな効果（差）	0.20未満	―	0.15未満
小さい効果（差）	0.20以上0.41未満	0.05未満	0.15以上0.36未満
中程度の効果（差）	0.41以上0.63未満	0.05以上0.20未満	0.36以上0.65未満
大きい効果（差）	0.63以上	0.20以上	0.65以上
対象分野	性格などの個人差研究	学力を対象とした教育介入研究	社会心理学研究

Gignac, G. E., & Szodorai, E. T. (2016). Effect size guidelines for individual differences researchers. *Personality and Individual Differences*, *102*, 74–78.
Kraft, M. A. (2020). Interpreting effect sizes of education interventions. *Educational Researcher*, *49*(4), 241-253.
Lovakov, A., & Agadullina, E. R. (2021). Empirically derived guidelines for effect size interpretation in social psychology. *European Journal of Social Psychology*, *51*(3), 485-504.

5.4 · JASPによる対応なしの*t*検定

ファイル ▶ 05章データa.csv

5.4.1 データの用意

指導法A、Bを40人ずつの生徒に実施し、その効果をテスト点から検討します。対応のない*t*検定は、異なる人に異なる条件を割り当てているので、1人から1つのデータしか得られないことに注意してください。

今回のデータでは、指導法とテスト点が記されています。

	指導法	テスト点
1	A	54
2	A	49
3	A	64
4	A	52
5	A	40

5.4.2 対応なしの*t*検定の実施

Step1 ● メニューにある「t検定」をクリックし、「伝統的」にある「独立したサンプルのt検定」を選択します（❶）。

Step2 ● 従属変数と独立変数を設定します。

　今回の場合、テスト点を「従属変数」、独立変数である指導法を「グループ化変数」に移します（❷）。

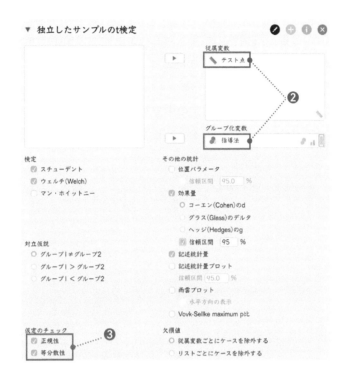

Step3 ● 分析ウィンドウの「仮定のチェック」にある「正規性」と「等分散性」にチェックを入れて、正規性と分散を確認します（❸）。

　次のStepへ進む前に、「結果」にある「仮定のチェック」を確認して、t検定の種類を決定します。

正規性の検定 (シャピロ・ウィルク)

		W	p	
テスト点	A	0.972	0.418●	指導法 A に関する正規性の検定
	B	0.947	0.058●	指導法 B に関する正規性の検定

注 有意な結果は、正規性からの逸脱を示唆しています。

　「正規性の検定（シャピロ・ウィルク）」はShapiro-Wilk検定の結果を示しています。今回の場合、指導法A、Bともp値が5％（0.05）より大きいので、データは正規性を有すると判断します。

Levene'sの分散の等質性の検定 ▼

	F	df	p
テスト点	8.060	1	0.006

　また、「Levene'sの分散の等質性の検定」はLevene検定の結果を示しています。今回の場合、$p = 0.006$と5%（0.05）より小さいので、帰無仮説を棄却して「条件間で分散は等しくない」と判断します。

　以上から、今回の場合は対応なしのt検定の中でも、「Welchのt検定」を行います。なので、「検定」にある「Welch」にチェックを入れます（④）。

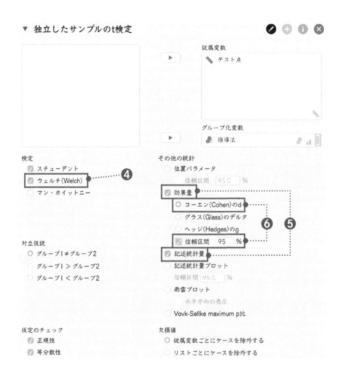

Step4 ◉ 「その他の統計」にある「効果量」と「記述統計量」にチェックを入れ、効果量と記述統計量を算出します（❺）。

　t検定の種類を決定したあとすぐに結果を確認するのではなく、結果の報告に必要な効果量と記述統計量を算出しておきます。t検定の効果量は一般的に「Cohen's d」を用いるので、「コーエン（Cohen）のd」にチェックを入れます（❻）。また、「信頼区間」にチェックを入れると、効果量dの95％信頼区間を算出できます（❻）。今回はこれにもチェックを入れましょう。

「結果」の「独立したサンプルのt検定」にt検定の結果が出力されます。

独立したサンプルのt検定

	検定	統計量	df	p	コーエン(Cohen)のd	コーエン(Cohen)のdについての95% CI 下	上
テスト点	Student	−7.480	78.000	< .001	−1.673	−2.179	−1.158
	Welch	−7.480	56.915	< .001	−1.673	−2.202	−1.133

● 統計量：検定統計量のt値です。t値は正負両方の値をとりますが、条件を入れ替えると正負は逆転します。そのため、t値を報告するときは、その絶対値（マイナスを取った値）を用います。

● df：自由度と呼ばれる値です。p値を求めるのに必要な値であり、t検定の結果を報告するときに必ず用います。

● p：p値です。

● コーエン（Cohen）のd：効果量dです。t値と同様に、正負両方の値をとりますが、条件を入れ替えると正負は逆転します。そのため、効果量dについても、その絶対値を報告します。

● コーエン（Cohen）のdについての95% CI：効果量dの95％信頼区間です。下は下限、上は上限を示しています。

今回の場合、Welchのt検定の結果が出力されているWelchの行を確認しましょう。t値が−7.480、自由度が56.915、p値が.001未満（0.1％未満）という結果が得られました。得られたp値は、本書全体で設定した有意水準である5％より小さい値であるので、「2つの条件間で、平均値が等しい」（帰無仮説）を棄却して、「2つの条件間で、平均値は等しくない（≒平均値に差がある）」（対立仮説）を採択します。つまり、「指導法AとBでは、テストの平均点に差がある」と判断します。

p値だけですと「平均値の差がどの程度か？」ということがわからないので、効果量dを確認します。今回の場合、効果量dが−1.673という結果が得られました。つまり、指導法AとBでは、テストの平均点が標準偏差の1.673倍分離れています。この値は、効果量dの大きさの目安（p.36）に従うと、「大きい差」であると判断できます。

そもそもの指導法AとBのテストの平均点や標準偏差を確認する場合には、「記述統計量」の「Group Descriptives」を確認しましょう。

Group Descriptives

	群	N	平均値	標準偏差	標準誤差
テスト点	A	40	49.950	8.527	1.348
	B	40	72.750	17.289	2.734

● N：サンプルサイズです。

● 標準誤差：標準偏差の値をサンプルサイズの平方根（$\sqrt{N}$）で割った値と一致します。

今回の場合、指導法Aでは平均点が49.950点、標準偏差が8.527点、指導法Bでは平均点が72.750点、標準偏差が17.289点という結果が得られました。t検定の結果と効果量dの値を踏まえると、指導法Bのほうがテストの平均点が著しく高いと判断できます。

Column

JASPで扱えるファイルの種類

JASPで処理した結果を保存すると、.jaspという拡張子のついたファイルで保存されます。このファイルには、読み込んだデータや計算した結果の表やグラフなどが保存されています。保存した.jaspのファイルを再度読み込むことで、処理の続きが行えます。

また、JASPのバージョンが上がると読み込めるファイルの種類が増えます。バージョンが0.16以上では、本書のp.12で示したファイル以外に次のファイルも読み込むことがでます。

.tsv	タブ区切りのテキストファイル（Excelで作成可能）
.dta	Stataデータファイル
.por	SPSS ASCIIファイル
.sas7bdat	SASデータファイル
.sas7bcat	SASマクロカタログファイル
.xpt	SASトランスポートファイル

Column

JASPの表やグラフ

JASPの処理結果で表示される表やグラフは、APA（アメリカ心理学会）の標準書式になっています。

したがって、レポートや論文に表やグラフをそのままコピーして利用できます。表やグラフのコピー方法は、表やグラフのタイトルの右端にある下向き三角▼をクリックして、メニューのコピーを選択します。また、画像として保存も可能ですので、他のソフトを利用して日本語の凡例なども追加できます。

- コピー
- 引用をコピーする
- 画像を名前を付けて保存
- 画像の編集

5.5 ・ 対応なしの*t*検定の結果の報告

*t*検定の結果を示すうえで、次の項目を報告することが多いです。
● それぞれの条件のデータ数、平均値、標準偏差
● *t*値、自由度、*p*値、効果量
　→「*t*（自由度）＝ *t*値、*p* ＝ *p*値、*d* ＝ 効果量」と書くことが多いです。
●（紙幅がある場合）効果量の95％信頼区間
　→95％信頼区間を報告する場合には、*d*値[95％信頼区間の下限, 95％信頼区間の上限]
　　と書くことが多いです。

　基本的に、*p*値を報告するときには指導の先生や発表する学会などの書式に従います。本書では、心理学の論文の書式に従って、ゼロを省略して表記します。例えば、「*p* ＜ 0.01」ではなく、「*p* ＜ .01」とします。また、JASPでは小数点以下3桁まで計算されますが、報告では、小数点以下3桁目を四捨五入します。

 結果の報告例

　指導法A、Bを40人ずつの生徒に実施し、その効果をテストの得点から検討した。それぞれの指導法におけるテスト得点の平均値と標準偏差を表に記す。

	M	*SD*
指導法A	49.95	8.53
指導法B	72.75	17.29

　Levene検定が1％水準で有意であったため、得られたテスト得点に対してWelchの*t*検定を行った。その結果、指導法Bのほうが0.1％水準で有意にテストの平均点は高いことが示された（*t*（56.92）＝ 7.48、*p* ＜ .001）。そして、その効果量はCohen(1988)に基づくと大きい値であった（*d* ＝ 1.67[1.13, 2.20]）。

　*t*検定の結果を報告する際に、「5％水準で有意であった」や「有意差が認められた」と報告する人がいます。しかし、このような*p*値の報告だけでは、どちらの条件のほうが大きい（小さい）のか、差の大きさがどの程度であったのかがわかりません。そのため、*t*検定の結果を報告する際には、それぞれの条件に関するデータ数、平均値、標準偏差は必ず報告してください。

5.6 · JASPによる対応ありの*t*検定

ファイル ▶ 05章データb.csv

5.6.1 データの用意

あるダイエット法を成人100名に実施し、体重の変化からその効果を検討します。この場合、同じ人からダイエット法実施前後の体重を測定しているので、対応ありの*t*検定を行います。

今回のデータでは、IDに「参加者のID」、事前に「ダイエット法実施前の体重（kg）」、事後に「ダイエット法実施後の体重（kg）」が記されています。

	ID	事前	事後	✚
1	1	65.82548753	44.47085387	
2	2	62.14578565	56.7555807	
3	3	77.75523858	45.10867113	
4	4	76.46060698	94.23840395	
5	5	71.79573476	54.62879555	

5.6.2 対応ありの*t*検定の実施

Step1 ● メニューにある「t検定」をクリックし、「伝統的」にある「対応のあるサンプルのt検定」を選択します（❶）。

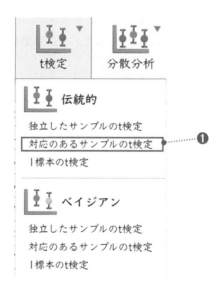

Step2 ● 平均値を比較する事前と事後を「変数ペア」に移します（❷）。

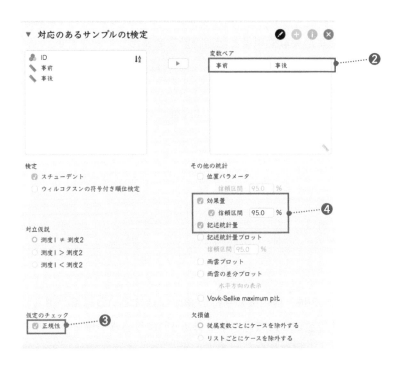

Step3 ● 分析ウィンドウにある「仮定のチェック」の「正規性」にチェックを入れ、正規性を確認します（❸）。

次のStepへ進む前に、「結果」にある「仮定のチェック」を確認して、t検定の種類を決定します。

正規性の検定 (シャピロ・ウィルク) ▼

			W	p
事前	–	事後	0.986	0.360

注 有意な結果は、正規性からの逸脱を示唆しています。

対応なしのt検定のときと同様に、「正規性の検定（シャピロ・ウィルク）」はShapiro-Wilk検定の結果を示しています。今回の場合、$p = 0.360$と5％（0.05）より大きいので、データは正規性を有すると判断します。そのため、今回はそのまま出力されたt検定の結果を読み取ります。

対応なしのt検定のときと同様に、t検定の種類を決定したあとすぐに結果を確認するのではなく、結果の報告に必要な効果量と記述統計量を算出しておきます。

Step5 ◈ 結果を確認します。

「結果」の「対応のあるサンプルのt検定」にt検定の結果が出力されます。読み取り方は、対応なしのt検定と同様です。

対応のあるサンプルのt検定

Measure 1		Measure 2	t	df	p	コーエン(Cohen)のd	コーエン(Cohen)のdについての95% CI 下	コーエン(Cohen)のdについての95% CI 上
事前	−	事後	3.286	99	0.001	0.329	0.127	0.529

注 スチューデントのt−検定

今回の場合、t値が3.286、自由度が99、p値が0.001という結果が得られました。得られたp値は、本書全体で設定した有意水準である5％より小さい値であるので、「2つの条件間で、平均値が等しい」（帰無仮説）を棄却して、「2つの条件間で、平均値は等しくない（≒平均値に差がある）」（対立仮説）を採択します。つまり、「ダイエット法実施前後で平均体重に差がある」と判断します。

ここで、効果量dを確認します。今回の場合、効果量dが0.329という結果が得られました。つまり、ダイエット法実施前後では、平均体重が標準偏差の0.329倍分離れています。この値は、効果量dの大きさの目安（p.36）に従うと、「小さい差」であると判断できます。

ダイエット法実施前後の平均体重と標準偏差を確認するために、「記述統計量」を確認します。

記述統計量

	N	平均値	標準偏差	標準誤差
事前	100	69.275	14.758	1.476
事後	100	62.802	15.896	1.590

今回の場合、実施前では平均体重が69.275 kg、標準偏差が14.758 kg、実施後では平均体重が62.802 kg、標準偏差が15.896 kgという結果が得られました。t検定の結果と効果量dの値から、ダイエット法の効果は認められましたが、その効果は小さいと判断できます。

5.7 ・ 対応ありの*t*検定の結果の報告

対応なしの*t*検定と同様に、結果を報告すると良いです。

 結果の報告例

成人100名を対象として、あるダイエット法を実施し、その効果を検証した。ダイエット法実施前後の体重の平均値と標準偏差を表に記す。

	M	*SD*
実施前	69.28	14.76
実施後	62.80	15.90

対応のある*t*検定を行ったところ、ダイエット法実施前後で、体重の平均値が1%水準で有意に減少することが示された（$t(99) = 3.29$、$p < .001$）。ただし、その効果量はCohen(1992)に基づくと小さい値であった（$d = 0.33[0.13, 0.53]$）。

Column

効果量をどう捉えるか？

先のダイエット法の例では、実施前後で体重の平均値が約6.5kg減少しているにもかかわらず、その効果量は$d = 0.329$と小さい値でした。この例からわかるように、効果量*d*の大きさの目安（より厳密には、Cohenによる経験則）は、1つの物差しに過ぎないのです。そのため、「効果量の大きさの目安」に安易に当てはめるのではなく、先行研究や現実生活での必要性などに応じて、その効果の大きさを解釈することが重要です。

第 6 章

一元配置分散分析

6.1 分散分析とは

場面の例

1組から3組で最もテストの平均点が高いのは、どのクラスかな？

ダイエット法実施前、1ヶ月後、半年後、1年後で体重に差はあるのだろうか？

　前の章では、2つの条件間での平均値を比較する方法であるt検定について説明しました。では、例のように3つ以上の条件間で平均値を比較する場合には、どうすれば良いでしょうか。

　1組から3組までのテストの平均点を比較する場合、3クラスの組み合わせ（1組と2組、1組と3組、2組と3組）ごとに3回続けて対応なしのt検定を行えば良いと思った人がいるでしょう。しかし、t検定を繰り返し行ってしまうと、第1種の誤り（第4章参照）を犯す可能性が高くなってしまいます。例えば、3回続けてt検定を行う場合、有意水準を5%（0.05）とすると、第1種の誤りを犯す確率は、

$$1-(1-0.05)\times(1-0.05)\times(1-0.05)=1-(1-0.05)^3 \fallingdotseq 0.14（14\%）$$

と14%になってしまいます。つまり、有意水準を5%と設定したつもりが、その値を大きく超えてしまうのです（なお、n回繰り返すと、第1種の誤りを犯す確率は、$1-(1-0.05)^n$となります）。

　そこで、3つ以上の条件間で平均値を比較する場合には、データの散らばりである「分散」に着目します。具体的には、複数の条件全体の平均（全体平均）と各条件の平均との分散を求めます。次ページの図からわかるように、分散が大きい場合には条件間で平均値に差があると考えます。一方で、分散が小さい場合には条件間で平均値に差はないと判断します。このように、分散を用いるので、3つ以上の条件間で平均値に統計学的な差があるかを検討する手法を分散分析（analysis of variance：ANOVA）と呼びます。

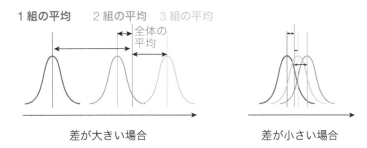

1組の平均　　2組の平均　　3組の平均

全体の
平均

差が大きい場合　　　　　　　　差が小さい場合

　ここまで各条件の平均と全体平均の分散を取り上げましたが、各条件には多くのデータが含まれています。分散分析で扱う分散には、「各条件に含まれるデータとその条件の平均の分散」「各条件に含まれるデータと全体平均の分散」も含まれます。今まで取り上げた分散は、次のように呼ばれます。

組み合わせ		名称
各データ	条件の平均	群内平方和（誤差変動）
各データ	全体平均	全体平方和（総変動）
条件の平均	全体平均	群間平方和（群間変動）

　そして、この3つの平方和のうち「群間平方和」が大きい場合に条件間で平均値に差があると判断します。なお、この3つの平方和には次の関係式が成り立ちます。

$$全体平方和 = 群間平方和 + 群内平方和$$

　分散分析では、この3つの平方和から算出される F 値と呼ばれる検定統計量を用いて、次の帰無仮説と対立仮説を検討します。

● 帰無仮説：各条件間で、平均値が等しい

● 対立仮説：各条件間で、平均値が等しくない（≒ 平均値に差がある）

　t 検定と同様に、p 値が設定した有意水準より小さい場合に、対立仮説「各条件間で、平均値が等しくない（≒ 平均値に差がある）」を採択します。

　分散分析の効果量には、一般的に η^2（イータ2乗）が用いられます。効果量 η^2 は、「要因によって平均値の差を説明できる割合」を表しています。例えば、$\eta^2 = 0.27$ の場合には、条件の違いによって平均値の差の27%を説明できるということになります。なお、効果量 η^2 の大きさの目安は次の通りです。

目安	η^2の大きさ
わずかな（trivial）効果（差）	0.01未満
小さい（small）効果（差）	0.01以上0.09未満
中程度の（medium）効果（差）	0.09以上0.14未満
大きい（large）効果（差）	0.14以上

Cohen, J. (1988). *Statistical power analysis for the behavioral sciences* (2nd ed.). Lawrence Erlbaum Associates, Publishers.

6.2 · 要因と水準

t検定と分散分析は条件間での平均値の差を検討する方法です。そのため、第5章（p.36）で説明したように条件の違いを独立変数、平均値の差を検討したい変数を従属変数と考えることができます。

分散分析では、独立変数、つまり条件の違いのことを要因（factor）と呼ぶことが多いです。例えば、1組から3組のテストの平均点の差を検討する場合、組の違いが要因となります。また、1組から3組のように、要因のとりうる値のことを水準（class）といいます。要因と水準のイメージを図で表すと次のようになります。

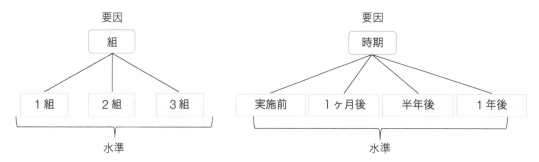

ただし、分散分析では要因が1つとは限りません。例えば、1組から3組のテストの平均点の差は学習意欲が高い人と低い人ではどうなるかを検討する場合、組と学習意欲の2つが要因となります。このように、要因が2個の分散分析を二元配置分散分析（two-way analysis of variance）といいます。なお、要因が1個の分散分析は一元配置分散分析（one-way analysis of variance）、要因が3個以上の分散分析は多元配置分散分析（multi-way analysis of variance）といいます。

分散分析の要因には、t検定のときと同様に対応のあり・なしがあります。ここで注意が必要なのは、t検定と分散分析では対応あり・なしでの分析の名称が異なることです。分散分析では、対応ありの要因を被験者内要因（within-subjects factor）、対応なしの要因を被験者間要因（between-subjects factor）といいます。例えば、あるダイエット法を実施している人の1、3、5月の平均体重を比較する場合は被験者内要因、1組から3組のテストの平均点の差を検討する場合は被験者間要因となります。

また、被験者内要因の分散分析は、同じ人やもの、動物から継時的に反復して得たデータを分析しているので、反復測定分散分析（repeated measures ANOVA）と呼ばれることもあります。JASPにおいても、被験者内要因の分散分析は反復測定分散分析という名前で行うことに注意してください。

6.3 • 多重比較（JASPで扱える方法）

　分散分析では各条件間で平均値に差があるのかないのかを検討できますが、条件間のどの組み合わせに差があるのかまではわかりません。そして、どの条件間の組み合わせに差があるのかを明らかにするために t 検定を繰り返して行うと、第1種の誤りを犯す確率が高くなってしまいます。

　そこで、データの分布や検定統計量、有意水準を調整したうえで、条件間のどの組み合わせに差があるのかを検討します。この分析を多重比較（multiple comparison）といいます。JASPで用いることができる多重比較とその特徴は次の通りです。多重比較の方法として、Tukey、Bonferroni、Holmの方法はとりわけよく用いられます。

多重比較法	正規性を有する	等分散性を有する	その他の特徴
Tukey	Yes	Yes	各群のサンプルサイズが異なる場合、Tukey-Kramer法という。
Scheffe	Yes	Yes	分散分析が有意な場合のみ用いる。
Bonferroni	Any	Yes	5群以上になると、検出力が低くなる。
Holm	Any	Yes	Bonferroni法の問題点を改良したもの。
Sidak	Yes	Yes	Bonferroni法の問題点を改良したもの。
Games-Howell	Yes	No	Welch検定のロジックを用いた方法。各群のサンプルサイズが等しい場合に用いる。
Dunnett	Yes	No	関心のある特定の群と他の群を比較するときに用いる。
Dunn	No	No	ノンパラメトリックな方法。

清水優菜・山本光（2021）．研究に役立つJASPによる多変量解析：因子分析から構造方程式モデリングまで．コロナ社．p.89，表8.2より

6.4 • 分散分析を行う前に

　分散分析を行う前に、次の2つのことを注意する必要があります。分析を行う前、あるいは最中に必ず確認するようにしてください。

（1）用いるデータは間隔データか比率データであるか？

　t 検定と同様に、分散分析も間隔データか比率データにしか実施できない分析です。そのため、3番組の視聴率の差を検討するというような、名義データの分析には用いることができません。このような名義データの分析には、第13章で説明するカイ2乗検定を行いましょう。

（2）データの特徴にあった分散分析（*F*値の求め方）を行っているか？

*t*検定と同様に、データの特徴によって分散分析で用いる*F*値の求め方や名称が異なることに注意してください。選択すべき分析については、下の手順に従うと良いでしょう。

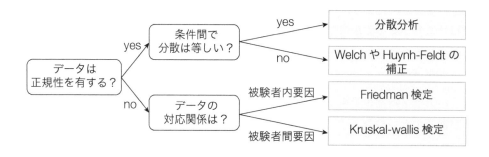

6.5 · JASPによる一元配置分散分析

ファイル ▶ 06章データ.csv

6.5.1 データの用意

1組から3組のテストの得点について、平均値の差が必然なのか、偶然なのかを検討します。分析方法として、被験者間要因（3水準）の一元配置分散分析を行います。

今回のデータでは、組とテスト点が記されています。

	組	テスト点	
1	I	55	
2	I	50	
3	I	52	
4	I	54	
5	I	65	

6.5.2 一元配置分散分析の実施

Step1 ● メニューにある「分散分析」をクリックし、「伝統的」にある「分散分析」を選択します（❶）。

Step2 ● 従属変数と要因を設定します。

　今回の場合、テスト点を「従属変数」、要因である組を「固定要因」に移します（❷）。

Step3 ● 分析ウィンドウにある「仮定のチェック」をクリックし、「等質性検定」と「残差の Q-Q プロット」にチェックを入れて、正規性と分散を確認します（❸）。

次のStepへ進む前に、「結果」にある「仮定のチェック」を確認して分散分析の種類を決定します。

等分散性の検定（ルビーン）

F	df1	df2	p
2.077	2.000	117.000	0.130

t検定と同様に、「等分散性の検定（ルビーン）」は「条件間で分散は等しい？」に関する検定、つまりLevene検定の結果を示しています。今回の場合、$p = 0.130$と5％より大きいので、条件間で分散は等しいと判断します。なお、Levene検定の結果が有意である、つまり対立仮説「条件間で分散が等しくない」を採択する場合には、「Brown-Forsythe」や「Welch」による補正を行ってください。

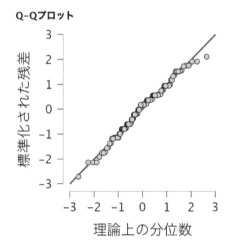

分散分析や回帰分析では、Q-Qプロットと呼ばれるグラフによって正規性を有するか判断します。Q-Qプロットの横軸は統計理論の値（理論上の分位数）、縦軸はデータによる実測値（標準化された残差）を示しており、直線上に点がある場合に、正規性を有すると判断します。今回の場合、ほぼ直線上に点があるので、正規性を有すると判断します。

以上から、今回はそのまま出力された結果を読み取ります。

Step4 ● 「表示」にある「記述統計」と「効果量の推定値」にチェックを入れ、記述統計量と効果量を確認します（**❹**）。

　結果の報告に必要な記述統計量と効果量を算出します。分散分析では、効果量として一般的にη^2を用いるので、チェックを入れます。

Step5 ● 分散分析の結果を確認します。

　「結果」の「分散分析 - テスト点」に分散分析の結果が出力されます。

分散分析 – テスト点

ケース	平方和	df	平均平方	F	p	η^2
組	4603.117	2	2301.558	83.798	< .001	0.589
Residuals	3213.475	117	27.466			

注 タイプ III 平方和

● 平方和：組の行は群間平方和、Residualsの行は群内平方和を表しています。

● df：自由度です。組の行は群間の自由度、Residualsの行は群内の自由度を表しています。

● 平均平方：平方和を自由度で割った値である、平均平方を表しています。検定統計量であるF値の計算に用います。

● F：分散分析で用いた検定統計量のF値です。群間平均平方を群内平均平方で割った値です。t値と異なり、負の値はとりません。

● p：p値です。

● η^2：効果量η^2です。

今回の場合、F値が83.798、自由度が2と117、p値が0.001未満（0.1%）という結果が得られました。得られたp値は、本書全体で設定した有意水準である5%より小さい値であるので、「各条件間で、平均値が等しい」（帰無仮説）を棄却して、「各条件間で、平均値が等しくない（≒平均値に差がある）」（対立仮説）を採択します。つまり、「1組から3組では、テストの平均点に差がある」と判断します。

ここで、効果量η^2を確認します。今回の場合、効果量η^2が0.589という結果が得られました。つまり、クラスの違いによって、テストの平均点の違いの58.9%を説明できることが示されました。この値は、効果量η^2の大きさの目安（p.51）に従うと、「大きい差」であると判断できます。

記述統計量 – テスト点 ▼

組	平均値	標準偏差	N
1	55.925	5.040	40
2	56.100	6.267	40
3	69.150	4.210	40

そもそもの1組から3組のテストの記述統計量を確認する場合は、「記述統計量」を確認しましょう。今回の場合、テストの平均点は1組が55.925点、2組が56.100点、3組が69.150点という結果が得られました。これらの値をみると、3組の点数は他の2クラスよりも点数が高いと判断できそうですが、分散分析の結果だけでは判断できません。そこで、次のStepとして多重比較を行います。

Step6 ◈ 分析ウィンドウにある「事後検定」をクリックし、要因を右のボックスに移すことで、多重比較を行います。

今回の場合、要因である組を右のボックスに移します。正規性と分散が等しいことが確認されているので、多重比較の方法として「テューキー（Tukey）」を用います（**⑤**）。また、効果量を算出するために、「効果量」をクリックします（**⑤**）。

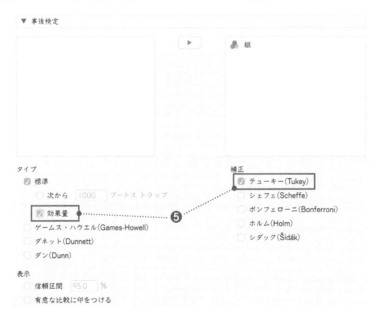

　「結果」の「事後検定」に多重比較の結果が出力されます。なお、左の2列には、各条件の比較の組み合わせが示されています。

標準

事後比較– 組

		平均値差	標準誤差	t	コーエン(Cohen)のd	p テューキー
1	2	−0.175	1.172	−0.149	−0.033	0.988
	3	−13.225	1.172	−11.285	−2.523	< .001
2	3	−13.050	1.172	−11.136	−2.490	< .001

注 3 のファミーを比較するために調整された P 値

● 平均値差：条件間での平均値の差です。

● 標準誤差：平均値の差の標準誤差です。

● t：多重比較の検定統計量のt値です。

● コーエン（Cohen）のd：効果量dです。t検定のときと同様に、絶対値で考えます。

● p テューキー：Tukeyの方法により計算されたp値です。

　1行目には、1組と2組の多重比較の結果が示されています。今回は、平均値差（1組の平均値−2組の平均値）が−0.175点、標準誤差が1.172点、t値が−0.149、効果量dが−0.033、p値が0.988という結果が得られました。得られたp値は、本書全体で設定した有意水準である5%より大きい値であるので、「1組と2組ではテストの平均点に差が認められない」と判断します。

　2行目には、1組と3組の多重比較の結果が示されています。今回は、平均値差（1組の平均値−3組の平均値）が−13.225点、標準誤差が1.172点、t値が−11.285、効果量dが−2.523、p値が0.001未満という結果が得られました。得られたp値は、本書全体で設定した有意水準である5%より小さい値であるので、「1組と3組ではテストの平均点に差がある」と判断します。そして、平均値差と効果量の値から「3組のほうが1組よりもテストの平均点が高く、その差は大きい」と判断します。なお、3行目には2組と3組の多重比較の結果が示されていますが、2行目とほぼ同様の結果が得られているので、説明を省略します。

6.6 · 一元配置分散分析の結果の報告

一元配置分散分析の結果を示すうえで、次の項目を報告することが多いです。

- それぞれの条件のデータ数、平均値、標準偏差
- F値、自由度、p値、効果量
  →「F(群間の自由度, 群内の自由度)＝F値、$p＝p$値、$\eta^2＝$効果量」と書くことが多いです。
- 多重比較の方法と結果
  →結果では、「効果量d」と「p値」を報告すると良いです。

 結果の報告例

1組から3組ではテストの平均点に差があるのかを検討した。それぞれのクラスの人数、テストの平均点、標準偏差を表に記す。

	N	M	SD
1組	40	55.93	5.04
2組	40	56.10	6.27
3組	40	69.15	4.21

一元配置分散分析を行ったところ、クラス間のテストの平均点には0.1％水準で有意差が認められた（$F(2,117)＝83.80$、$p＜.001$）。また、その効果量はCohen(1988)に基づくと大きい値であった（$\eta^2＝.59$）。Tukey法による多重比較を行ったところ、3組は1組と2組よりもテストの平均点が0.1％水準で有意に高いことが示された（それぞれ、$d＝2.52$、$p＜.001$；$d＝2.49$、$p＜.001$）。一方、1組と2組の間には有意差が認められなかった（$d＝0.03$、$p＝n.s.$）。

Column

$n.s.$とは?

結果の報告例に「$p＝n.s.$」とありますが、$n.s.$とは何を表しているのでしょうか。$n.s.$は"not significant"の略で、「有意ではない」ことを意味しています。設定した有意水準よりp値が大きい場合には、「$p＝n.s.$」と端折って書くことが多いので知っておくと良いでしょう。ただし、研究領域によっては、詳細なp値の報告が求められることがあるので、気をつけてください。

二元配置分散分析

7.1 二元配置分散分析とは

場面の例

1組から3組でテストの平均点に差はあるのかな？
その差は学習意欲の高低で違ってくるのでは？

ダイエット法A、B、Cの実施前後で体重が最も減るのはどの方法かな？

　前の章では、3つ以上の条件間で平均値を比較する手法である分散分析について説明しました。上の例のように、2つの要因（左はクラスと学習意欲、右はダイエット法と時期）によって平均値が異なるのかを検討する場合は、二元配置分散分析といいました。そして、要因が3つ以上の場合は、多元配置分散分析といいました。

7.2 主効果と交互作用

　二元配置分散分析や多元配置分散分析の帰無仮説と対立仮説を考えるうえで、主効果（main effect）と交互作用（interaction）を理解する必要があります。

　主効果とは、ある要因が単体で平均値に及ぼす効果のことです。上の例では、クラスや学習意欲それぞれが単体でテストの平均点に及ぼす効果が主効果となります。ここで、主効果の解釈について説明しておきます。例えば、クラスの主効果が有意であった場合、「学習意欲を一定にしたときに、クラス間でテストの平均点が等しくない（≒差がある）」と解釈します。つまり、主効果とは他の要因の効果を取り除いたうえでその要因によって平均値が異なるのかを検討しているのです。この考え方は、重回帰分析（第11章）でも用いるので、覚えておいてください。

　次に、交互作用とは、複数の要因の組み合わせの効果のことです。上の例では、クラスと学習意欲の組み合わせがテストの平均点に及ぼす効果が交互作用となります。

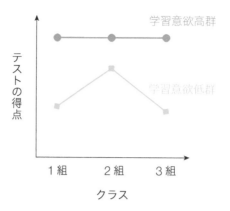

交互作用の具体例をみてみましょう。上の図では、学習意欲の高低によってクラス間でテストの平均点が異なることが読み取れます。学習意欲高群では、クラス間でテストの平均点がほぼ同じことがわかります。一方、学習意欲低群では、2組の平均点は他の2クラスより高いこと、1組と3組では平均点がほぼ同じことがわかります。この例では、学習意欲の高・低群ごとにクラス間でテストの平均点が異なるという交互作用が確認されます。このように、交互作用が認められる場合には、ある要因の水準ごとに別の要因の主効果を検討します。この主効果のことを単純主効果（simple main effect）といいます。

今回の場合、単純主効果の検討として、学習意欲の高・低群ごとにクラス間の平均点を検討することと、クラスごとに学習意欲の高・低群の平均点を検討することが考えられます。具体的に書き出すと、次のようになります。

● 1組の人を選び、学習意欲によるテストの平均点の違いを一元配置分散分析で検討する。
● 2組の人を選び、学習意欲によるテストの平均点の違いを一元配置分散分析で検討する。
● 3組の人を選び、学習意欲によるテストの平均点の違いを一元配置分散分析で検討する。
● 学習意欲が高い人を選び、クラスによるテストの平均点の違いを一元配置分散分析で検討する。
● 学習意欲が低い人を選び、クラスによるテストの平均点の違いを一元配置分散分析で検討する。

このように書くと、交互作用が有意である場合、すべての単純主効果を検討する必要があり、とても複雑だと思う人がいるかもしれません。しかし、ここにあげたようなすべての単純主効果を検討することは一般的に行いません。自分の研究の目的や仮説、興味に応じて必要だと考えられる単純主効果についてのみ検討すれば良いのです。

二元配置分散分析を行ううえで、交互作用が有意な場合には主効果の多重比較は行わないことに注意してください。交互作用が有意ということは、複数の要因の組み合わせによって平均値が異なることであり、単にそれぞれの要因について検討するだけでは正しい平均値の比較ができないのです。そのため、二元配置分散分析ではまず交互作用を確認し、有意である場合には単純主効果、有意でない場合には主効果を確認します。

以上を踏まえて、二元配置分散分析や多元配置分散分析の帰無仮説と対立仮説を説明しま

す。一元配置分散分析と同様に、二元配置分散分析や多元配置分散分析でもF値と呼ばれる検定統計量を用いて、次の2つの帰無仮説と対立仮説を検討します。

- 帰無仮説①：主効果によって平均値の差が生じない
- 帰無仮説②：交互作用によって平均値の差が生じない
- 対立仮説①：主効果によって平均値の差が生じる
- 対立仮説②：交互作用によって平均値の差が生じる

　今までの分析と同様に、p値が設定した有意水準よりも小さい場合には、それぞれの丸数字に対応した対立仮説を採択します。なお、主効果と交互作用とも用いる検定統計量はF値となります。

　二元配置分散分析や多元配置分散分析の効果量や前提条件は、一元配置分散分析と同様となります。なので、それぞれについてよくわかっていない人は、6.1節（p.51）と6.4節（p.53）を確認しましょう。

7.3 JASPによる二元配置分散分析（被験者間要因×被験者間要因）

ファイル ▶ 07章データa.csv

7.3.1 データの用意

　1組から3組のテストの得点について平均値の差は学習意欲の高低によって異なるのかを検討します。分析方法として、クラスと学習意欲という2つの被験者間要因を取り上げた二元配置分散分析を行います。また、クラスと学習意欲の交互作用が有意である場合、単純主効果として、学習意欲の高・低群ごとにクラス間の平均点を検討することにします。

　今回のデータでは、組、学習意欲、テスト点が記されています。

	組	学習意欲	テスト点
1	1	高群	66
2	1	高群	73
3	1	高群	58
4	1	高群	64
5	1	高群	58

記述統計　　t検定　　分散分析　　混合モデル

7.3.2　二元配置分散分析（被験者間要因×被験者間要因）の実施

Step1 ◦ メニューにある「分散分析」をクリックし、「伝統的」にある「分散分析」を選択します（❶）。

　今回は2要因とも被験者間要因なので「分散分析」を選択します。被験者内要因がある場合には、「反復測定分散分析」を選択してください。

Step2 ◦ 従属変数と要因を設定します。

　今回の場合、テスト点を「従属変数」、組と学習意欲を「固定要因」に移します（❷）。

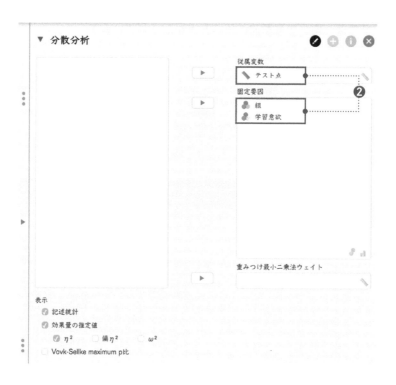

Step3 ● 分析ウィンドウにある「仮定のチェック」をクリックし、「等質性検定」と「残差のQ-Qプロット」にチェックを入れて、正規性と分散を確認します（❸）。

　一元配置分散分析と同様に、次のStepへ進む前に、「結果」にある「仮定のチェック」を確認して分散分析の種類を決定します。

等分散性の検定（ルビーン）

F	df1	df2	p
3.197	5.000	123.000	0.010

　「等分散性の検定（ルビーン）」の結果をみると、$p = 0.010$と5％より小さいので、帰無仮説「条件間で分散は等しい」を棄却して、対立仮説「条件間で分散は等しくない」を採択します。ただし、「Brown-Forsythe」と「Welch」による補正は一元配置分散分析でしか用いることができないので、ここでは補正をせずに分析を進めます。

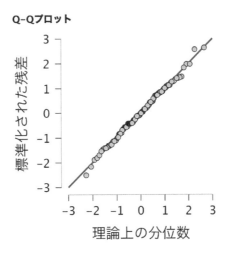

Q-Qプロット

　また、Q-Qプロットをみるとほぼ直線上に点があるので、正規性を有すると判断します。

Step4 ◉ 「表示」にある「記述統計」と「効果量の推定値」にチェックを入れ、記述統計量と
効果量を確認します（❹）。

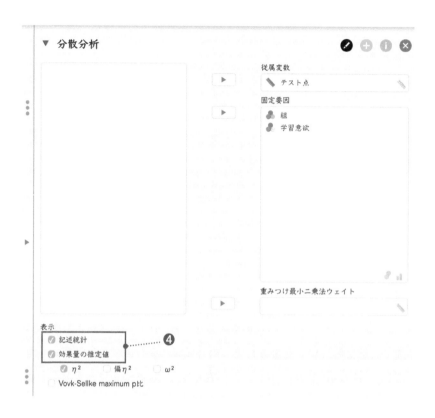

　結果の報告に必要な記述統計量と効果量を算出します。一元配置分散分析と同様に、二元
配置分散分析においても効果量にはη^2を用いるので、チェックを入れます。今回の場合、
「記述統計量」の「記述統計量 – テスト点」に組と学習意欲ごとに記述統計量が出力されま
す。

記述統計量 – テスト点

組	学習意欲	平均値	標準偏差	N
1	低群	36.318	8.753	22
	高群	62.600	3.926	20
2	低群	59.783	7.954	23
	高群	68.000	8.849	21
3	低群	36.850	5.102	20
	高群	71.000	7.071	23

　ここから、分散分析の結果を確認します。「結果」の「分散分析 - テスト点」に分散分析の結果が出力されます。結果の読み方は、一元配置分散分析のときと同じです。

分散分析 – テスト点

ケース	平方和	df	平均平方	F	p	η^2
組	4709.322	2	2354.661	44.875	< .001	0.148
学習意欲	16829.311	1	16829.311	320.730	< .001	0.529
組 ＊ 学習意欲	3839.301	2	1919.650	36.584	< .001	0.121
Residuals	6454.036	123	52.472			

注 タイプ III 平方和

　まず、交互作用を確認します。「ケース」の3行目にある「組＊学習意欲」は交互作用に関する結果を示しています。今回の場合、交互作用は0.1％水準で有意となり、効果量はCohen(1988)に基づくと中程度の値でした（$F_{(2, 123)} = 36.584$、$p < .001$、$\eta^2 = 0.121$）。そのため、「1組から3組のテストの平均点は学習意欲の高低によって異なる」と判断します。交互作用の詳細を検討するために、単純主効果を検討します。

　単純主効果を検討する前に、主効果の結果も確認します。二元配置分散分析や多元配置分散分析において交互作用が有意な場合、主効果の多重比較は行わないことが一般的ですが、主効果の結果は必ず報告するからです。今回の場合、組の主効果（$F_{(2, 123)} = 44.875$、$p < .001$、$\eta^2 = 0.148$）と学習意欲の主効果（$F_{(1, 123)} = 320.730$、$p < .001$、$\eta^2 = 0.529$）はいずれも0.1％水準で有意となり、効果量は大きい値でした。

　交互作用が有意であったため、学習意欲の高・低群ごとの単純主効果を検討します。紙幅を踏まえて、ここでは学習意欲高群の単純主効果の手続きのみを紹介します（学習意欲低群については、同様の手続きを踏んでください）。

まず、学習意欲高群のみのデータを抽出します。分析ウィンドウの左端の▶をクリックし、データの編集ウィンドウに戻ります（❺）。

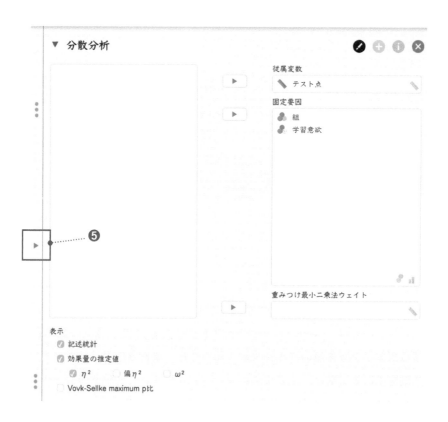

編集ウィンドウにて「学習意欲」をクリックします。そして、低群の「フィルター」にあるチェックをクリックすると（❻）、学習意欲高群のみのデータを抽出できます。

次に、学習意欲高群のみのデータについてクラス間での平均点を比較するために、一元配置分散分析を行います。メニューにある「分散分析」をクリックし、「伝統的」にある「分散分析」を選択します。そして、テスト点を「従属変数」、組を「固定要因」に設定します（❼）。また、記述統計量と効果量を算出するために、「表示」にある「記述統計」と「効果量の推定値」にチェックをつけます（❽）。

　それでは、結果を確認します。組の主効果は0.1％水準で有意であるため（$F(2, 61) = 7.901$、$p < .001$、$\eta^2 = 0.206$）、「学習意欲高群では、1組から3組でテストの平均点に差がある」と判断します。また、効果量の値はCohen(1988)に基づくと大きい値でした。

分散分析 – テスト点 ▼

ケース	平方和	df	平均平方	F	p	η²
組	766.434	2	383.217	7.901	< .001	0.206
Residuals	2958.800	61	48.505			

注 タイプ III 平方和

　そこで、クラス間での違いを検討するために、多重比較を行います。分析ウィンドウにある「事後検定」をクリックし、組を右のボックスに移動します（**❾**）。今回の場合、Step3で確認したように正規性は有するものの等分散性は有していないと判断されるため、「ゲームス・ハウエル（Games-Howell）」の多重比較を行います。そのため、「タイプ」にある「ゲームス・ハウエル（Games-Howell）」にチェックをつけます（**❿**）。

　ここから、多重比較の結果を確認します。「結果」の「ゲームス・ハウエル（Games-Howell）」に結果が出力されます。「1 - 2」の平均値差は−5.400点であり、5％水準で有意となります（$t(27.868) = -2.546$、$p < .05$）。また、「1 - 3」の平均値差は−8.400点であり、0.1％水準で有意となります（$t(35.234) = -4.895$、$p < .001$）。これらの結果から、「学習意欲高群では、2、3組は1組よりもテストの平均点が高い」と判断します。

ゲームス・ハウエルの事後比較 – 組

比較	平均値差	SE	t	df	$p_{テューキー}$
1 - 2	−5.400	2.121	−2.546	27.868	0.043
1 - 3	−8.400	1.716	−4.895	35.234	< .001
2 - 3	−3.000	2.430	−1.235	38.288	0.440

注 Results based on uncorrected means.

　同様な手続きで学習意欲低群の単純主効果を検討すると、クラスの主効果は0.1%水準で有意であるため（$F(2, 62) = 71.040$、$p < .001$、$\eta^2 = 0.696$）、「学習意欲低群では、1組から3組でテストの平均点に差がある」と判断します。また、効果量の値はCohen(1988)に基づくと大きい値でした。そして、「ゲームス・ハウエル（Games-Howell）」の多重比較を行うと、「1 - 2」の平均値差は－23.464点であり、0.1%水準で有意となります（$t(42.166) = -9.399$、$p < .001$）。また、「2 - 3」の平均値差は22.933点であり、0.1%水準で有意となります（$t(37.915) = 11.392$、$p < .001$）。これらの結果から、「学習意欲低群では、2組は1、3組よりもテストの平均点が高い」と判断します。

分散分析 – テスト点 ▼

ケース	平方和	df	平均平方	F	p	η²
組	8009.749	2	4004.874	71.040	< .001	0.696
Residuals	3495.236	62	56.375			

注 タイプ III 平方和

ゲームス・ハウエルの事後比較 – 組

比較	平均値差	SE	t	df	pテューキー
1 - 2	−23.464	2.497	−9.399	42.166	< .001
1 - 3	−0.532	2.187	−0.243	34.330	0.968
2 - 3	22.933	2.013	11.392	37.915	< .001

注 Results based on uncorrected means.

Column

要因と水準

　要因とは、データに影響を及ぼすと考えられる独立変数のことです。例えば性別や年齢などがそれにあたります。一方の水準とは、要因のもつ分類のことです。例えば、性別ならば男性、女性の2つの水準をもちます。

　例として、性別と年代の2つの要因で、性別の水準は男女の2つ、年代の水準は10代、20代、30代、40代、50代、60代以上の6つで調査するとします。この場合、男性20代などの組み合わせとして、データ項目の数は2×6＝12で、12項目について調査分析することになります。

7.4 ● 二元配置分散分析（被験者間要因×被験者間要因）の結果の報告

二元配置分散分析の結果を示すうえで、次の項目を報告することが多いです。
● それぞれの条件のデータ数、平均値、標準偏差
● 主効果と交互作用それぞれのF値、自由度、p値、効果量
● 交互作用が有意である場合、単純主効果の検定の結果
● 交互作用が有意ではなく、かつ主効果が有意である場合、多重比較の結果

 結果の報告例

1組から3組のテストの得点について平均値の差は学習意欲の高低によって異なるのかを検討した。それぞれのクラスと学習意欲の高低群ごとの人数、テストの平均点、標準偏差を表に記す。

	学習意欲高群			学習意欲低群		
	n	M	SD	n	M	SD
1組	20	62.60	3.93	22	36.32	8.75
2組	21	68.00	8.85	23	59.78	7.95
3組	23	71.00	7.07	20	36.85	5.10

クラス（1・2・3組）×学習意欲（高・低群）の二元配置分散分析を行ったところ、クラスと学習意欲の主効果は0.1%水準で有意で、効果量はCohen(1988)に基づくと大きい値であった（それぞれ、$F_{(2, 123)} = 44.88$、$p < .001$、$\eta^2 = .15$；$F_{(1, 123)} = 320.73$、$p < .001$、$\eta^2 = .53$）。さらに、クラスと学習意欲の交互作用も0.1%水準で有意であったため（$F_{(2, 123)} = 36.58$、$p < .001$、$\eta^2 = .12$）、単純主効果の検定を行った。その結果、学習意欲高群においてクラスの主効果は0.1%水準で有意であり（$F_{(2, 61)} = 7.90$、$p < .001$、$\eta^2 = .21$）、2、3組は1組よりもテストの平均点が有意に高いことが示された（それぞれ、$t_{(27.87)} = -2.55$、$p < .05$；$t_{(35.23)} = -4.90$、$p < .001$）。また、学習意欲低群においてクラスの主効果は0.1%水準で有意であり（$F_{(2, 62)} = 71.04$、$p < .001$、$\eta^2 = .70$）、2組は1、3組よりもテストの平均点が有意に高いことが示された（それぞれ、$t_{(42.17)} = -9.40$、$p < .001$；$t_{(37.92)} = 11.39$、$p < .001$）。

7.5 JASPによる二元配置分散分析（被験者間要因×被験者内要因）

ファイル ▶ 07章データb.csv

7.5.1 データの用意

3つのダイエット法A、B、Cの効果を検証するために、ダイエット法実施前後の体重（単位：kg）を検討します。分析方法として、ダイエット法（A・B・C）という被験者間要因と時期（事前・事後）の被験者内要因を取り上げた二元配置分散分析を行います。また、ダイエット法と時期の交互作用が有意である場合、単純主効果としてダイエット法ごとに事前・事後の体重の平均を比較することにします。

今回のデータでは、ダイエット法、実施前体重、実施後体重が記されています。

	ダイエット法	実施前体重	実施後体重	
1	A	81.219	80.285	
2	A	82.373	84.48	
3	A	67.68	60.822	
4	A	80.75	79.141	
5	A	83.57	81.689	

7.5.2 二元配置分散分析（被験者間要因×被験者内要因）の実施

Step1 ● メニューにある「分散分析」をクリックし、「伝統的」にある「反復測定分散分析」を選択します（❶）。

今回は時期が被験者内要因であるので、「反復測定分散分析」を選択してください。

　今回の場合、実施前体重と実施後体重を「反復測定のセル」、ダイエット法を「参加者間要因」に移します（❷）。また、結果の出力をわかりやすくするために、「反復測定要因」にある「反復測定要因1」を時期、「水準1」を実施前体重、「水準2」を実施後体重に変更します（❸）。

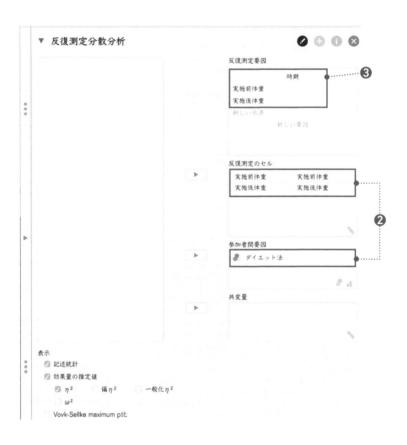

　被験者内要因を含む分散分析では、以下の方法にて分散を確認することができます。

● 被験者内要因が2水準の場合：等質性検定（Levene検定）を行います。

● 被験者内要因が3水準以上の場合：球面性（Sphericity）の検定を行います。球面性の検定の帰無仮説は「すべての水準の分散が等しい」ですので、棄却されないことが望ましいです。なお、帰無仮説が棄却された場合、「球面性の補正」にある「グリーンハウス・ゲイザー（Greenhouse-Geisser）」と「ホイン・フェルト（Huynh-Feldt）」の補正にチェックを入れ、p値が最も大きいものの結果を報告すると良いです。

今回の場合、被験者内要因である時期は実施前後の2水準なので、「等質性検定」を選択します（❹）。

次のStepへ進む前に、「結果」にある「仮定のチェック」を確認して分散分析の種類を決定します。

今回の場合、実施前体重と実施後体重ともp値は0.05より大きいので、事前・事後ともダイエット法の水準間で分散は等しいと判断します。

等分散性の検定（ルビーン）

	F	df1	df2	p
実施前体重	0.343	2	117	0.710
実施後体重	0.298	2	117	0.743

Step4 ◈ 「表示」にある「記述統計」と「効果量の推定値」にチェックを入れ、記述統計量と効果量を確認します（❺）。

結果の報告に必要な記述統計量と効果量を算出します。今までと同様に、効果量にはη^2を用いるので、チェックを入れます。今回の場合、「結果」の「記述統計量」に時期とダイエット法ごとに記述統計量が出力されます。

記述統計量

時期	ダイエット法	平均値	標準偏差	N
実施前体重	A	79.487	8.208	40
	B	76.131	8.764	40
	C	68.702	8.723	40
実施後体重	A	80.427	9.600	40
	B	66.266	9.344	40
	C	64.629	10.038	40

Step5 ◦ 分散分析の結果を確認します。

ここから、分散分析の結果を確認します。「結果」にある「参加者内効果」が被験者内要因、「参加者間効果」が被験者間要因の結果を示しています。結果の見方は、これまでと同じです。

参加者内効果

ケース	平方和	df	平均平方	F	p	η^2
時期	1126.177	1	1126.177	169.360	< .001	0.039
時期＊ダイエット法	1169.432	2	584.716	87.932	< .001	0.040
Residuals	778.005	117	6.650			

注 タイプ III 平方和

参加者間効果

ケース	平方和	df	平均平方	F	p	η^2
ダイエット法	7304.175	2	3652.088	22.800	< .001	0.251
Residuals	18741.238	117	160.182			

注 タイプ III 平方和

まず、交互作用を確認します。「参加者内効果」の2行目にある「時期＊ダイエット法」は交互作用に関する結果を示しています。今回の場合、交互作用は効果量はCohen(1988)に基づくと小さい値ですが、0.1％水準で有意となりました（$F(2, 117) = 87.932$、$p < .001$、$\eta^2 = 0.040$）。そのため、「ダイエット法実施前後の体重の平均はダイエット法により異なる」と判断します。交互作用の詳細を検討するために、単純主効果を検討します。

また、結果の報告のために、主効果も確認します。今回の場合、時期の主効果（$F(1, 117) = 169.360$、$p < .001$、$\eta^2 = 0.039$）とダイエット法の主効果（$F(2, 117) =$

22.800、$p <.001$、$\eta^2 = 0.251$）はいずれも0.1%水準で有意となりました。

Step6 ◉ 単純主効果の検討を行います。

　交互作用が有意であったため、ダイエット法A・B・Cごとの単純主効果を検討します。紙幅を踏まえて、ここではダイエット法Aの単純主効果の手続きのみを紹介します（ダイエット法B・Cについては、同様の手続きを踏んでください）。

　まず、ダイエット法Aのみのデータを抽出します。分析ウィンドウの左端の▶をクリックし、データの編集ウィンドウに戻ります。編集ウィンドウにて「ダイエット法」をクリックします。そして、ダイエット法BとCの「フィルター」にあるチェックをクリックすると（❻）、ダイエット法Aのみのデータを抽出できます。

　次に、ダイエット法Aのみのデータについて時期（事前・事後）間の平均体重を比較するために、対応ありのt検定を行います。一元配置分散分析ではなくt検定を用いるのは、時期（実施前・実施後）が2水準であるからです。「t検定」をクリックし、「伝統的」にある「対応のあるサンプルのt検定」を選択します。そして、実施後体重と実施前体重を「変数ペア」に移し（❼）、「効果量」にチェックをつけましょう（❽）。

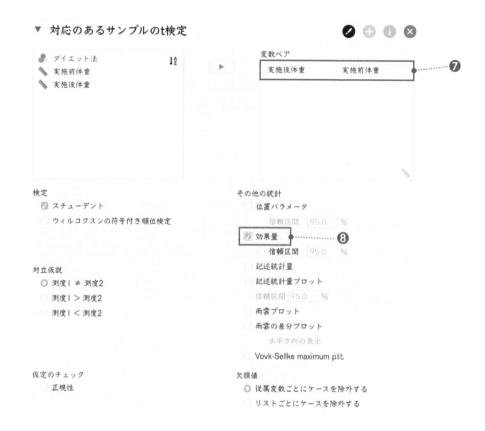

▼ 対応のあるサンプルのt検定

対応ありのt検定の結果、$t(39) = 1.205$、$p = 0.235$、$d = 0.191$と5%水準で有意ではなかったため、「ダイエット法A実施前後では、平均体重に差は認められない」と判断します。

対応のあるサンプルのt検定

Measure 1		Measure 2	t	df	p	コーエン(Cohen)のd
実施後体重	−	実施前体重	1.205	39	0.235	0.191

注 スチューデントのt−検定

　同様な手続きでダイエット法B・Cの単純主効果についても検討します。ダイエット法Bでは、$t(39) = -28.352$、$p < .001$、$d = -4.483$と0.1%水準で有意であるため「ダイエット法B実施前後では、平均体重に差がある」と判断します。効果量dの大きさの目安（p.36）に従うと、効果量dの値からダイエット法Bは「大きな効果」をもつと考えられます。

対応のあるサンプルのt検定

Measure 1		Measure 2	t	df	p	コーエン(Cohen)のd
実施後体重	−	実施前体重	−28.352	39	< .001	−4.483

注 スチューデントのt−検定

また、ダイエット法Cでは、$t(39) = -7.868$、$p < .001$、$d = -1.244$と0.1％水準で有意であるため「ダイエット法C実施前後では、平均体重に差がある」と判断します。効果量dの大きさの目安（p.36）に従うと、効果量dの値からダイエット法Cは「大きな効果」をもつと考えられます。

対応のあるサンプルのt検定

Measure 1		Measure 2	t	df	p	コーエン(Cohen)のd
実施後体重	−	実施前体重	−7.868	39	< .001	−1.244

注 スチューデントのt–検定

7.6 二元配置分散分析（被験者間要因×被験者内要因）の結果の報告

7.4節で説明した二元配置分散分析で報告することが多いことと同様です。

ダイエット法A・B・Cを実施し、その効果を検証した。ダイエット法実施前後の体重の平均値と標準偏差を表に記す。

ダイエット法	実施前		実施後	
	M	SD	M	SD
A($N = 40$)	79.49	8.21	80.43	9.60
B($N = 40$)	76.13	8.76	66.27	9.34
C($N = 40$)	68.70	8.72	64.63	10.04

　ダイエット法（A・B・C）×時期（事前・事後）の二元配置分散分析を行ったところ、ダイエット法と時期の主効果は0.1％水準で有意であった（それぞれ、$F(2, 117) = 22.80$、$p < .001$、$\eta^2 = .25$；$F(1, 117) = 169.36$、$p < .001$、$\eta^2 = .04$）。さらに、ダイエット法と時期の交互作用も0.1％水準で有意であったため（$F(2, 117) = 87.93$、$p < .001$、$\eta^2 = .04$）、単純主効果の検定を行った。その結果、ダイエット法BとCは実施後に平均体重が0.1％水準で有意に減少することが示された（それぞれ、$t(39) = 28.35$、$p < .001$、$d = 4.48$；$t(39) = 7.87$、$p < .001$、$d = 1.24$）。そして、これらの効果量は大きい値であった。また、ダイエット法Aの実施前後では平均体重に有意差は認められなかった（$t(39) = 1.21$、$p = n.s.$、$d = 0.19$）。

分散分析の効果量

JASPの分散分析では、効果量としてη^2だけではなく偏η^2とω^2を求めることができます。それぞれの解釈と特徴は次の通りです。

偏η^2（partial eta squared：η_p^2）

解釈

「他の要因の影響を統制したうえで、その要因が平均値の差に与える影響の大きさ」を表しています。

特徴

- 分散分析にたくさんの主効果と交互作用が含まれるとη^2は小さくなってしまいますが、偏η^2は小さくなりません。
- 複数の要因の効果を比較するときに使用することができません（同じ要因について、他の調査や研究で得られた偏η^2と比較することはできます）。
- 大きさの目安はないことに注意してください。

ω^2

解釈

母集団におけるη^2の推定値です。つまり、「母集団において、要因によって平均値の差を説明できる割合」を表しています。

特徴

- サンプルサイズが小さいときη^2は大きくなってしまいますが、ω^2はη^2より小さくなります。
- 各水準のサンプルサイズが等しい場合にのみ使用可能です。
- 大きさの目安として、0.02未満は「わずかな効果（差）」、0.02以上0.13未満は「小さい効果（差）」、0.13以上0.26未満は「中程度の効果（差）」、0.26以上は「大きい効果（差）」があります＊。

＊Cohen, J. (1992). A power primer. *Psychological Bulletin*, *112*(1), 155–159.

第 8 章

ノンパラメトリック検定

8.1 ∵ ノンパラメトリック検定とは

場面の例

テスト得点が正規分布ではないけど、1組と2組の
テストの平均点を比較するには？

体重が正規分布を満たさないとき、ダイエット法
実施前、1ヶ月後、半年後、1年後での体重の差を
検討するには？

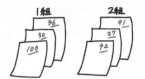

　前の章までに扱ってきた t 検定や分散分析は、データが正規性、つまり正規分布に従うことが前提条件である検定でした。このように、前提とする（母集団）分布がある検定のことをパラメトリック検定（parametric test）といいます。

　一方で、上の例で示したようにデータが正規分布に従わない場合に、条件間での差を比較したいことがあります。このように、（母集団）分布を前提としない検定のことをノンパラメトリック検定（non-parametric test）といいます。よく正規分布を前提としない検定のことをノンパラメトリック検定だという人がいますが、正しくは正規分布に限らず（母集団）分布を前提としない検定のことですので注意してください。

　ノンパラメトリック検定を使う場面として、t 検定ではShapiro-Wilk検定、分散分析ではQ-Qプロットの結果から正規分布に従うと判断できないときがあげられます。より具体的には、サンプルサイズが小さい場合や外れ値が存在する場合です。注意が必要なのは、Levene検定のような等分散性の検定結果から、ノンパラメトリック検定を行うか否かを判断しないことです。t 検定や分散分析において等分散性が認められない場合には、Welchの t 検定のように補正を行うことが一般的です。

　以下では、代表的なノンパラメトリック検定について説明していきます。

（1）Mann-Whitney の U 検定（Mann-Whitney U test）

　Mann-Whitney の U 検定は、対応のない2条件についてのノンパラメトリック検定です。

パラメトリック検定でいうところの「対応なしのt検定」にあたる分析です。ただし、t検定とは異なり2条件の平均値の差に関する検定ではないことに注意してください。

Mann-WhitneyのU検定では、データの順位付けにより算出された検定統計量Uを用いて、次の帰無仮説と対立仮説を検討します。

- 帰無仮説：2つの条件は同一の分布である（＝2つの条件間で中央値が等しい）
- 対立仮説：2つの条件は同一の分布ではない（＝2つの条件間で中央値が等しくない）

これまでの検定と同様に、p値が設定した有意水準より小さい場合に、対立仮説「2つの条件は同一の分布ではない（＝2つの条件間で中央値が等しくない）」を採択します。

JASPでは、Mann-WhitneyのU検定の効果量として相関係数rが用いられます。効果量rは検定統計量Uをもとに算出されたもので、「条件と従属変数の関連の強さ」を表しています。なお、効果量rの大きさの目安は次の通りです。

目安	rの大きさ
わずかな（trivial）効果（差）	0.10未満
小さい（small）効果（差）	0.10以上0.30未満
中程度の（medium）効果（差）	0.30以上0.50未満
大きい（large）効果（差）	0.50以上

Cohen, J. (1992). A power primer. *Psychological Bulletin, 112*(1), 155–159.

（2）Wilcoxonの符号付き順位和検定（**Wilcoxon signed rank test**）

Wilcoxonの符号付き順位和検定は、対応のある2条件についてのノンパラメトリック検定です。パラメトリック検定でいうところの「対応ありのt検定」にあたる分析です。Mann-WhitneyのU検定と同様に、t検定とは異なり2条件の平均値の差に関する検定ではないことに注意してください。

Wilcoxonの符号付き順位和検定では、データの符号を考慮した順位付けにより算出された検定統計量Wを用いて、次の帰無仮説と対立仮説を検討します。

- 帰無仮説：2つの条件は同一の分布である（＝2つの条件間で中央値が等しい）
- 対立仮説：2つの条件は同一の分布ではない（＝2つの条件間で中央値が等しくない）

これまでの検定と同様に、p値が設定した有意水準より小さい場合に、対立仮説「2つの条件は同一の分布ではない（＝2つの条件間で中央値が等しくない）」を採択します。

JASPでは、Wilcoxonの符号付き順位和検定の効果量としてrが用いられます。解釈や大きさの目安は、Mann-WhitneyのU検定と同様です。

（3）Kruskal-Wallis検定（**Kruskal-Wallis test**）

Kruskal-Wallis検定は、対応のない3つ以上の条件についてのノンパラメトリック検定です。パラメトリック検定でいうところの「被験者間要因の分散分析」にあたる分析です。

Kruskal-Wallis検定では、データの順位付けにより算出された検定統計量Hを用いて、次の帰無仮説と対立仮説を検討します。

●帰無仮説：各条件は同一の分布である（＝条件間で中央値は等しい）

●対立仮説：各条件は同一の分布ではない（＝条件間で中央値は等しくない）

　これまでの検定と同様に、p値が設定した有意水準より小さい場合に、対立仮説「各条件は同一の分布ではない（＝条件間で中央値は等しくない）」を採択します。そして、条件間の中央値の差を比較するために多重比較を行います。多重比較には、ノンパラメトリックな方法であるDunnの方法を用いると良いでしょう。

　Kruskal-Wallis検定の効果量にはrが用いられますが、現在のJASPでは出力されないことに注意してください。なお、解釈や大きさの目安は、Mann-WhitneyのU検定と同様です。

（4）Friedman検定（**Friedman test**）

　Friedman検定は、対応のある3つ以上の条件についてのノンパラメトリック検定です。パラメトリック検定でいうところの「被験者内要因の分散分析」にあたる分析です。

　Friedman検定では、データの順位付けにより算出された検定統計量χ^2を用いて、次の帰無仮説と対立仮説を検討します。

●帰無仮説：各条件は同一の分布である（＝条件間で中央値は等しい）

●対立仮説：各条件は同一の分布ではない（＝条件間で中央値は等しくない）

　これまでの検定と同様に、p値が設定した有意水準より小さい場合に、対立仮説「各条件は同一の分布ではない（＝条件間で中央値は等しくない）」を採択します。そして、条件間の中央値の差を比較するために多重比較を行います。多重比較には、ノンパラメトリックな方法であるDunnの方法を用いると良いでしょう。

　Friedman検定の効果量にはrが用いられますが、現在のJASPでは出力されないことに注意してください。なお、解釈や大きさの目安は、Mann-WhitneyのU検定と同様です。

　なお、Kruskal-Wallis検定とFriedman検定はあくまで一元配置分散分析にあたるノンパラメトリック検定であり、二元配置分散分析や多元配置分散分析には対応していません。つまり、これらの分析では交互作用を検討できないことに注意してください。

　以上のノンパラメトリック検定と対をなすパラメトリック検定をまとめると次のようになります。

内容	ノンパラメトリック検定	パラメトリック検定
対応のない2条件の差	Mann-WhitneyのU検定	対応なしのt検定
対応のある2条件の差	Wilcoxonの符号付き順位和検定	対応ありのt検定
対応のない3条件以上の差	Kruskal-Wallis検定	被験者間要因の分散分析
対応のある3条件以上の差	Friedman検定	被験者内要因の分散分析

8.2 • JASPによるノンパラメトリック検定

ファイル ▶ 08章データ.csv

8.2.1 データの用意

　1組から3組のテストの得点の差が必然なのか、偶然なのかを検討します。正規分布を想定できるかを確認したのちに、分散分析あるいはKruskal-Wallis検定を行います。

　今回のデータでは、組とテスト点が記されています。

8.2.2 ノンパラメトリック検定の実施

Step1 ◉ メニューにある「分散分析」をクリックし、「伝統的」にある「分散分析」を選択します。

Step2 ◉ 従属変数と要因を設定します。

　今回の場合、テスト点を「従属変数」、組を「固定要因」に移します。

Step3 ◉ 分析ウィンドウにある「仮定のチェック」をクリックし、「残差のQ-Qプロット」にチェックを入れて、正規性を確認します。

　次のStepへ進む前に、「結果」にある「仮定のチェック」を確認して分散分析かKruskal-Wallis検定を行うべきかを決定します。

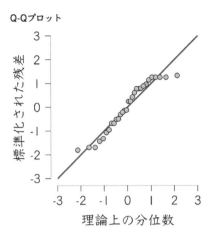

Q-Qプロット

今回の場合、直線から点が大きくずれているので正規性を有さないと判断します。そこで、Kruskal-Wallis検定によって、1組から3組のテスト得点に差があるか否かを検討します。

Step4 ● 分析ウィンドウにある「ノンパラメトリック」をクリックし、要因を右のボックスに移します。

今回の場合、要因である組を右のボックスに移します（❶）。

Step5 ● 「表示」にある「記述統計量」にチェックを入れ、記述統計量を確認します。

Step6 ● Kruskal-Wallis検定の結果を確認します。

「結果」の「クラスカル・ウォリス（Kruskal-Wallis）検定」にKruskal-Wallis検定の結果が出力されます。

クラスカル・ウォリス(Kruskal-Wallis)検定

要因	統計量	df	p
組	6.637	2	0.036

今回の場合、検定統計量 H が6.637、自由度が2、p 値が0.036という結果でした。p 値は、本書全体で設定した有意水準である5%より小さい値であるので、「各条件は同一の分布である（＝条件間で中央値は等しい）」（帰無仮説）を棄却して、「各条件は同一の分布ではない（＝条件間で中央値は等しくない）」（対立仮説）を採択します。つまり、「1組から3組では、テストの中央値に差がある」と判断します。

1組から3組のテストの記述統計量を確認するために、「記述統計量 - テスト点」を確認しましょう。

記述統計量 – テスト点

組	平均値	標準偏差	N
1	59.000	31.252	10
2	23.500	14.539	10
3	56.000	35.653	10

今回の場合、テスト得点の平均は1組が59.000点、2組が23.500点、3組が56.000点となります。また、テスト得点の中央値は1組が67.500点、2組が25.000点、3組が65.000点となります。これらの値をみると、2組の点数は他の2クラスよりも点数が低いと判断できそうですが、Kruskal-Wallis検定の結果だけでは判断できません。そこで、次のStepとして多重比較を行います。

Column

中心極限定理

中心極限定理を簡単に説明すると、「任意の分布に従う母集団から抽出された標本の平均は、標本数が十分に多い場合、正規分布に従う」という定理です。例えば、一様な分布のサイコロ2つを投げてその平均値を計算する実験を10000回行ったとき、その平均値のヒストグラムは正規分布に近づいています。このような性質を利用して、母集団の分布を仮定せず、データの順位を用いて検定する方法がノンパラメトリック検定です。

Step7 ❖ 分析ウィンドウにある「事後検定」をクリックし、要因を右のボックスに移すことで、多重比較を行います。

　今回の場合、要因である組を右のボックスに移します（❷）。ノンパラメトリック検定のKruskal-Wallis検定を行ったので、多重比較の方法として「ダン（Dunn）」を用います（❸）。なお、Dunnの方法では効果量が出力されないので、「効果量」にはチェックをつけません。

Step8 ❖ 多重比較の結果を確認します。

　「結果」の「事後検定」に多重比較の結果が出力されます。今回は「ダン（Dunn）」の結果を確認しましょう。なお、1列目には、各条件の比較の組み合わせが示されています。

ダンの事後比較–組

比較	z	W_i	W_j	p	$p_{ボンフェローニ}$	$p_{ホルム}$
1 – 2	2.337	18.850	9.700	0.010	0.029	0.029
1 – 3	0.230	18.850	17.950	0.409	1.000	0.409
2 – 3	−2.107	9.700	17.950	0.018	0.053	0.035

● z：多重比較の検定統計量のz値です。

● W_i、W_j：z値の算出に必要な条件ごとの順位付けの結果です。

1行目には、1組と2組の多重比較の結果が示されています。p値はpの列の値を確認しましょう。得られたp値は0.010と本書全体で設定した有意水準である5%より小さい値であるので、1組と2組のテストの中央値には差があると判断します。先に確認した中央値の値から、2組のほうが1組よりもテストの中央値が小さいと判断します。

2行目には、1組と3組の多重比較の結果が示されています。得られたp値は0.409と本書全体で設定した有意水準である5%より大きい値であるので、1組と3組のテストの中央値には差が認められないと判断します。なお、3行目には2組と3組の多重比較の結果が示されていますが、1行目とほぼ同様の結果が得られているので、説明は省略します。

8.3 ・ ノンパラメトリック検定の結果の報告

Mann-WhitneyのU検定とWilcoxonの符号付き順位和検定はt検定（p.45）、Kruskal-Wallis検定とFriedman検定は分散分析（p.60）の結果の報告とほぼ同様になります。ただし、以上のノンパラメトリック検定は分布が同一か、つまり中央値に関する検定ですので、データの代表値として平均値だけではなく中央値も報告しましょう。

 結果の報告例

1組から3組のテスト得点に差があるのかを検討した。それぞれのクラスの人数、テスト得点の平均値、中央値、標準偏差を表に記す。

	N	M	Med	SD
1組	10	59.00	67.50	31.25
2組	10	23.50	25.00	14.54
3組	10	56.00	65.00	35.65

Q-Qプロットからデータが正規性を有さないと判断して、Kruskal-Wallis検定を行ったところ、クラス間でテスト得点の中央値には5%水準で有意差が認められた（$H(2) = 6.64$、$p < .05$）。Dunn法による多重比較を行ったところ、2組は1組と3組よりもテスト得点の中央値が5%水準で有意に低いことが示された（それぞれ、$z = 2.34$、$p < .05$；$z = 2.11$、$p < .05$）。一方、1組と3組の間では、テスト得点の中央値に有意差が認められなかった（$z = 0.23$、$p = n.s.$）。

第 9 章

無相関検定

9.1 2つの変数の関係とは

場面の例

最高気温が高い日ほど、ソフトクリームの売り上げも高いのでは？

勉強時間が長いから、テストの点数が高いのでは？

　例のように、2つのデータの関係を明らかにしたいことはよくあります。そもそも、2つのデータの関係には次の4つが考えられます。

2つのデータの関係	概要	具体例→調べる方法
集団での相関関係 （個人間相関）	xが大きい人ほど、yも大きい	最高気温が高い日ほど、ソフトクリームの売り上げも高い。 →複数の日にちの最高気温とソフトクリームの売り上げを調べると良い。
個人内での相関関係 （個人内相関）	xが大きいほど、yも大きい	学習意欲が高いほど、勉強時間は長くなる。 →ある個人を対象として学習意欲と勉強時間を継時的に調べると良い。
処理―効果関係	xを大きくすると、yも大きくなる	勉強時間を長くすると、テストの点数が高くなる。 →ある個人を対象として勉強時間を長くして、テストの点数が高くなるかを調べると良い。
因果関係	xが大きいから、yも大きい	勉強時間が長いから、テストの点数が高くなる。 →？（とても難しい）

　一見すると、処理―効果関係と因果関係が同じであると思う人がいるかもしれません。しかし、ある処理を施すときに別の要因が混入したためにその効果が生じた可能性があるため、処理―効果関係が認められたとしても因果関係があるとは言い切れないのです。先の例だと、テストの得点が高くなったのは勉強時間が長くなったからではなく、効果的な勉強方法を使用したことによるかもしれません。そのため、集団・個人内での相関関係や処理―効果関係

を吟味したうえで、因果関係を検討するのです。

　以下では、この4つの関係の中で集団・個人内での相関関係を統計学的に検討する方法について説明していきます。ここからは単に「相関関係」という言葉を統一して用いますが、対象が「集団」である場合には「集団での相関関係」、「個人」である場合には「個人内での相関関係」と考えてください。

9.2 ・ 相関関係とは

　相関関係は、「正の相関」と「負の相関」に分けられます。
● 正の相関：xが大きい（or小さい）ほど、yも直線的に大きい（or小さい）
● 負の相関：xが大きい（or小さい）と、yは直線的に小さい（or大きい）
　また、xとyには相関関係がないことを無相関といいます。

　この相関関係を視覚的に把握する場合には、2つのデータの組を座標とする点をプロットした散布図（scatter plot）を用います。「xが大きいほど、yも直線的に大きい」という正の相関の場合、右肩上がりのグラフとなります。一方、「xが大きいほど、yは直線的に小さい」という負の相関の場合、右肩下がりのグラフとなります。そして、無相関の場合にはxが大きかろうと、yが大きくなったり小さくなったりするのではなく、点がバラバラにプロットされています。

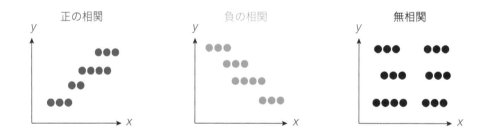

　相関関係は散布図を用いて視覚的に把握するだけではなく、相関係数（correlation coefficient）と呼ばれる数値を用いて把握することが多いです。相関係数には様々な種類がありますが、JASPでは次の3つを求めることができます。

相関係数の種類	用途
ピアソンの積率相関係数（ピアソンのr）	間隔データか比率データのときに使用します。また、データの正規性を前提としています。
スピアマンの順位相関係数	順序データのときに使用します。また、正規性を有さない間隔データや比率データのときに使用します。
ケンドールの順位相関係数（ケンドールのタウb）	順序データのときに使用します。また、データが少ないときや、多くのデータが同じ値のときに使用します。

　なお、ピアソンの積率相関係数が前提としているデータの正規性は、t検定と同様にShapiro-Wilk検定により検討します。Shapiro-Wilk検定の帰無仮説は「データは正規性を有する」ですので、p値が設定した有意水準より大きい場合にデータは正規性を有すると判断します。

　以下では、この中で最も使用されるピアソンの積率相関係数（Pearson product-moment correlation coefficient：r）について説明していきます。そのため、以降で出てくる「相関係数」という言葉はすべてピアソンの積率相関係数を意味しています。

　相関係数rの代表的な性質として、次の3つがあります。

● $-1 \leqq r \leqq 1$

● rの絶対値は直線的な相関関係であるのかを示す。

　　rの絶対値が1：2つのデータが完全な直線関係

　　rの絶対値が0：2つのデータが直線関係にない

● rの符号は正・負の相関であるのかを示す。

　　rが正の値：正の相関

　　rが負の値：負の相関

　相関係数と散布図を合わせて表現すると次の図のようになります。相関係数の符号が正・負の相関を、絶対値が直線関係であるのかを示していることが読み取れるかと思います。

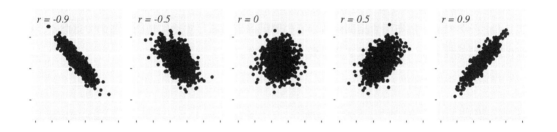

　相関係数の大きさの目安は次の通りです。これまでに出てきた効果量と同様に、あくまで「大きさの目安」に過ぎないので、先行研究や現実生活での必要性に応じて大きさを解釈してください。分野によっては、0.8や0.9の値からはじめて相関関係があると判断することもあります。

目安	rの大きさ
強い相関	±0.7〜±1.0
中程度の相関	±0.4〜±0.7
弱い相関	±0.2〜±0.4
ほぼ相関なし	0〜±0.2

森敏昭・吉田寿夫（1990）．心理学のためのデータ解析テクニカルブック．北大路書房．

　注意が必要なのは、相関係数が捉えようとする相関関係は2つのデータが直線関係にあるかであり、非直線的な相関関係は検討できないことです。例えば、次の図にある曲線的な相関関係において、相関係数を算出すると0に近い値となってしまいます。そのため、2つのデータの相関関係を検討する場合には、相関係数だけではなく散布図を用いることをおすすめします。

　また、散布図や相関係数から相関関係があるといっても、交絡因子（confounding factor）と呼ばれる第3の変数によって生じた見せかけの相関である疑似相関（spurious correlation）の可能性があります。有名な例として、1人あたりの年間のチョコレート消費量と人口1000万人あたりのノーベル賞の受賞者数の間には強い正の相関関係が認められています（$r = 0.791$）*。しかし、チョコレートの年間消費量とノーベル賞受賞者数の相関関係は、GDPのような豊かさという交絡因子により生じた疑似相関である可能性は否めません。そのため、散布図や相関係数から相関関係があるとすぐに判断するのではなく、疑似相関の可能性についても留意する必要があります。

---

*　Messerli, F.H.(2012) Chocolate consumption, cognitive function, and Nobel laureates. *New England Journal of Medicine, 367*(16), 1562-1564.

9.3 ・ 無相関検定とは

　相関関係が無相関ではないか、つまり相関係数が0であるか否かを検討する検定を無相関
検定といいます。無相関検定では t 値と呼ばれる検定統計量を用いて、次の帰無仮説と対立
仮説を検討します。

● 帰無仮説：相関係数が0である

● 対立仮説：相関係数が0ではない

　これまでの検定と同様に、 p 値が設定した有意水準より小さい場合に、対立仮説「相関係
数が0ではない」を採択します。無相関検定ではあくまで相関係数が0ではない、つまり無
相関ではないことしか言えません。決して、「無相関検定が有意であったので、2つのデー
タ間には強い相関関係がある」というような判断はしないでください。強い相関関係か否か
については、相関係数の大きさの目安（p.91）や先行研究、現実生活での必要性を吟味し
てください。

9.4 ・ JASPによる無相関検定

ファイル ▶ 09章データ.csv

9.4.1　データの用意

　テストAからCの得点について、どのような相関関係が認められるのかを検討します。

　今回のデータは、AからCにそれぞれのテスト得点が記されています。

	記述統計	t検定	分散分析	混合モデル
	A	B	C	
1	60	63	50	
2	59	63	51	
3	55	52	43	
4	65	71	61	
5	63	60	62	

9.4.2 無相関検定の実施

Step1 ◎ メニューにある「回帰」をクリックし、「伝統的」にある「相関」を選択します（❶）。

Step2 ◎ 相関係数を算出したい変数を「変数」に移します。

今回の場合、相関係数を算出したいAからCを「変数」に移します（❷）。

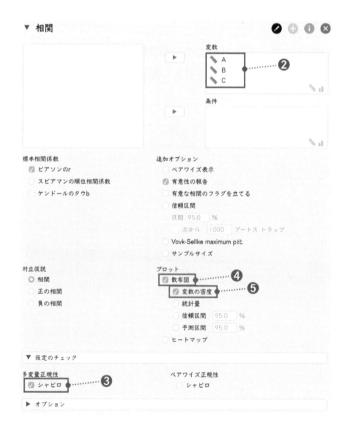

Step3 ● 分析ウィンドウの「仮定のチェック」にある「多変量正規性」の「シャピロ」にチェックを入れて、ピアソンの積率相関係数の前提条件である正規性を確認します（❸）。

次のStepへ進む前に、「結果」にある「仮定のチェック」を確認して、算出する相関係数の種類を決定します。

多変量正規性のシャピロ-ウィルク検定

シャピロ-ウィルク	p
0.986	0.820

「多変量正規性のシャピロ-ウィルク検定」はShapiro-Wilk検定の結果を表しています。今回の場合、p値が5%（0.05）より大きいので、データは正規性を有すると判断します。そのため、相関係数にはピアソンの積率相関係数を求めます。

Step4 ● 分析ウィンドウにある「散布図」にチェックを入れ、散布図を確認します。

先ほど説明したように、相関関係を検討する場合には相関係数だけではなく散布図を確認することが重要です。そこで、分析ウィンドウにある「散布図」にチェックを入れ、散布図を確認します（❹）。また、それぞれの変数の分布も合わせて確認したい場合には「変数の密度」にチェックを入れましょう（❺）。

Column

正規性のチェックはなぜするの?

なぜ統計的仮説検定をする場合に正規性（母集団が正規分布に従うこと）を確認するのでしょうか。それは、正規分布にはとても便利な性質があるからです。平均と標準偏差のみで形状が決まること、平均値を中心に左右対称であることから、簡単に確率を求められます。また、正規分布の和や定数倍も正規分布に従う性質があります。さらに、正規分布から他の分布への変形方法がわかっています。この強力な性質を利用したのがパラメトリック検定です。

　無相関検定の結果を確認する前に、相関係数と散布図を確認します。「結果」にある「相関のプロット」に相関係数と散布図が出力されます。

相関のプロット

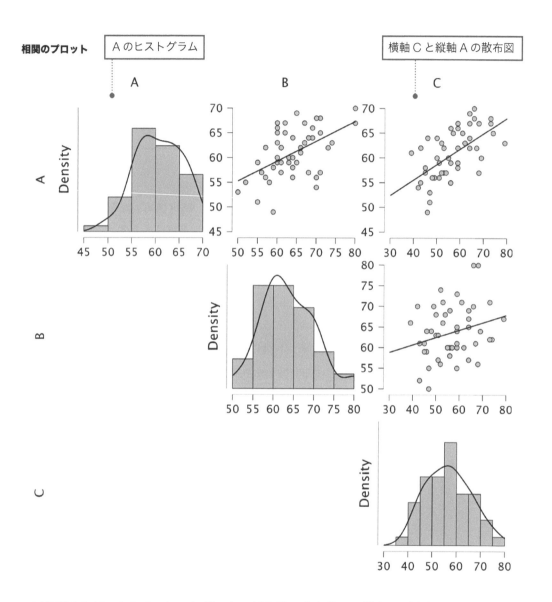

A のヒストグラム

横軸 C と縦軸 A の散布図

　対角線上にはA からC のヒストグラム、対角線の上半分には散布図が出力されます。

Column

相関係数が大きいから関係が強いのか？

　多数のデータを比較する中で、偶然に相関係数が大きく出る場合があります。それはp.92の説明にあるように疑似相関も考慮しなければいけません。また、外れ値がある場合は、それに影響されて相関係数が大きく出ているのかもしれません。したがって、まずはデータの散布図を作成して、外れ値の確認を行うことをおすすめします。もし、外れ値があった場合は、スピアマンの順位相関係数なども利用しましょう。

無相関検定の結果は、「結果」にある「ピアソンの相関」に出力されています。

ピアソンの 相関

Variable		A	B	C
1. A	ピアソンのr	—		
	p値	—		
2. B	ピアソンのr	0.528	—	
	p値	< .001	—	
3. C	ピアソンのr	0.592	0.260	—
	p値	< .001	0.068	—

　複数の相関係数を一度に示す場合には、上のような相関行列表を用いることが多いです。セルにある値はそれぞれの行と列に対応した相関係数とp値を示しています。例えば、B行A列にある「0.528、< .001」は、AとBの相関係数が0.528で無相関検定の結果が0.1%水準で有意であることを意味しています。

　無相関検定の結果、AとB、AとCは0.1%水準で有意なので、それぞれ正の相関関係にあると判断できます。一方、BとCは5%水準で有意ではないので、帰無仮説「相関係数が0である」を棄却できず、相関関係があるとは判断できません。

Column

相関係数rの大きさの目安

　相関係数rの大きさの目安として、p.91で示した以外のものを、以下の表に記します。

目安	rの大きさ		
	Cohen(1988)	Gignac & Szodorai(2016)	Funder & Ozer(2019)
とても強い相関	—	—	±0.4〜±1.0
強い相関	±0.5〜±1.0	±0.3〜±1.0	±0.3〜±0.4
中程度の相関	±0.3〜±0.5	±0.2〜±0.3	±0.2〜±0.3
弱い相関	±0.1〜±0.3	±0.1〜±0.2	±0.1〜±0.2
とても弱い相関	0〜±0.1	0〜±0.1	±0.05〜±0.1
極めて弱い相関	—	—	0〜±0.05
対象分野	行動科学研究全般	性格などの個人差研究	心理学研究

Cohen, J. (1988). *Statistical power analysis for the behavioral sciences* (2nd ed.). Lawrence Erlbaum Associates, Publishers.
Funder, D. C., & Ozer, D. J. (2019). Evaluating effect size in psychological research: Sense and nonsense. *Advances in Methods and Practices in Psychological Science, 2*(2), 156–168.
Gignac, G. E., & Szodorai, E. T. (2016). Effect size guidelines for individual differences researchers. Personality and *Individual Differences, 102*, 74–78.

第1章
第2章
第3章
第4章
第5章
第6章
第7章
第8章
第9章
第10章
第11章
第12章
第13章

9.5 無相関検定の結果の報告

無相関検定の結果を示すうえで、次の項目を報告することが多いです。

● それぞれのデータ数、平均値、標準偏差
● 相関係数をまとめた相関行列表と無相関検定の結果

 結果の報告例

50人を対象に、テストAからCの得点の相関関係を検討した。テスト得点の平均と標準偏差、相関係数を表に記す。

	M	SD	A	B
A	60.76	4.92	—	
B	63.64	6.46	.53*	
C	56.74	9.35	.59*	.26

* $p < .001$

無相関検定を行ったところ、AとB、BとCに0.1%水準で有意な（中程度の）正の相関が認められた（それぞれ、$r = .53$、$p < .001$；$r = .59, p < .001$）。一方、BとCには有意な相関関係が認められなかった（$r = .26, p = .07$）。

Column

因果関係を特定するには？

　本章のはじめに、2つの変数の関係には「集団での相関関係」、「個人内での相関関係」、「処理─効果関係」、「因果関係」の4つがあると説明しました。この4つの中で、とりわけ特定するのが難しいのが因果関係です。上で説明したように、2つの変数間に相関関係が認められたからといって、因果関係があると考えることができません。では、因果関係はどのようにして特定されるのでしょうか。絶対的な基準はないのですが、よく参照されるものとして、イギリスの統計学者であるヒルによる因果性の判定基準を以下に示します。

1. 相関関係の強さ：原因と結果が強く関連する。
2. 相関関係の一致性：異なる研究者、地域、条件、時間に関連性が繰り返し認められる。
3. 相関関係の特異性：特定の要因のみから結果が発生するという特異性を有する。
4. 時間的な先行性：原因は結果よりも時間的に先行する。
5. 量・反応関係の成立：要因の量・反応が大きくなると結果の量・反応も大きくなる。
6. 妥当性：認められた関連を支持する生物学的な知見がある。
7. 先行知見との整合性：認められた関連は先行研究と一致する。
8. 実験による知見：認められた関連を支持する実験的研究が存在する。
9. 他の知見との類似性：類似した関連が存在する。

第10章

単回帰分析

10.1 回帰分析とは

場面の例

最高気温が1℃上がると、ソフトクリームの売り上げはどのくらい増えるかな？

勉強時間が1時間増えると、テスト得点はどのくらい上がるかな？

　前の章では、「最高気温が高い日ほど、ソフトクリームの売り上げも高い」というような2つのデータの相関関係を検討する方法として、散布図や相関係数、無相関検定について説明しました。2つのデータの相関関係を明らかにすることも重要ですが、例のように一方のデータから他方のデータを予測したいこともあるでしょう。このような場合、相関係数を利用した回帰分析（regression analysis）と呼ばれる手法を用います。

　回帰分析では予測に用いる変数を独立変数（independent variable）あるいは予測変数（predictor variable）、予測される変数を従属変数（dependent variable）あるいは基準変数（outcome variable）といいます。そして、独立変数が1つの場合の回帰分析を単回帰分析（simple regression analysis）、2つ以上の場合を重回帰分析（multiple regression analysis）と呼びます。単回帰分析の例として、先にあげた2つの例が当てはまります。重回帰分析の例として、最高気温と湿度によってソフトクリームの売り上げを予測することがあげられます。

単回帰分析

重回帰分析

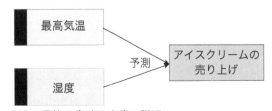

注：黒枠の意味は次章で説明

10.2 単回帰分析とは

単回帰分析は2つのデータの相関係数を利用しています。相関係数は2つのデータの直線関係についてのものでしたが、単回帰分析ではこの直線関係を直線の式、つまり中学2年生で学習する「1次関数」で表現します。このことを式で表すと、次のようになります。

$$（従属変数）= a + b ×（独立変数）\quad\cdots\cdots（1）$$

この予測式は単回帰式、aは1次関数のときと同様に切片（intercept）、bは回帰係数（regression coefficient）と呼びます。単回帰分析では、得られている独立変数と従属変数の値から、切片aと回帰係数bを求めます。

例えば、あるお店でのソフトクリームの売り上げ（万円）と最高気温（℃）について、

$$（ソフトクリームの売り上げ）= 15.23 + 0.27 ×（最高気温）\quad\cdots\cdots（2）$$

という単回帰式が得られたとしましょう。この式から、最高気温が20℃であればソフトクリームの売り上げは20.63万円（＝15.23＋0.27×20）、25℃であればソフトクリームの売り上げは21.98万円（＝15.23＋0.27×25）と予測できます。今回の場合、回帰係数0.27は「最高気温が1℃上がるにつれて、ソフトクリームの売り上げが0.27万円増える」ことを意味しています。このように、回帰係数は独立変数が1単位変化したときの従属変数の変化量を表しています。

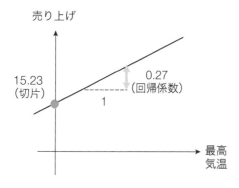

最高気温 （℃）	…	20	21	22	…
売り上げ （万円）	…	20.63	20.90	21.17	…

ただし、単回帰式から導かれるのはあくまで予測値ですので、実測値とはズレが生じます。例えば、最高気温20℃のときのソフトクリームの売り上げが実際18万円であった場合、実測値と予測値のズレは－2.63万円（＝18－20.63）です。このような予測値と実測値のズレのことを残差（residual）といいます。そして、単回帰分析ではこの残差の値を最も小さ

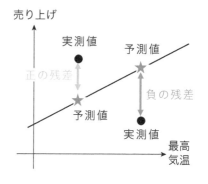

くするような切片aと回帰係数bの値とするのです。しかし、前ページの図にあるように残差は正負両方の値をとるので単に総和をとってしまうと相殺されてしまう可能性があります。そこで、正の値しかとらない残差の2乗の総和（平方和）を最も小さくするような切片aと回帰係数bを用います。

　また、切片aと回帰係数bの値だけではなく、単回帰式の予測精度を求めることも重要です。この予測精度の指標として、決定係数（coefficient of determination：R^2）あるいは分散説明率（percentage of variance explained：PV）と呼ばれるものがあります（以下では、決定係数と記します）。決定係数は「従属変数が独立変数によって予測される割合」を示しています。例えば、式（2）の決定係数が$R^2 = 0.19$であれば、「最高気温により、ソフトクリームの売り上げの19％が予測される」ということを意味しています。

　決定係数の求め方について説明しておきます。そのために、従属変数の予測値と実測値に加え平均値を導入します。これらの3つの値のズレを次のように呼びます。

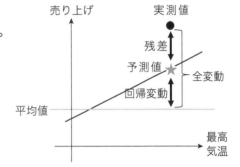

● 残差：（実測値）−（予測値）
● 回帰変動：（予測値）−（平均値）
● 全変動：（実測値）−（平均値）

　先に説明したように、それぞれのズレは正負両方の値をとり、単に総和をとると相殺されてしまうので平方和を用います。このとき、3つの平方和には次の関係式が成り立ちます。

$$（全変動の平方和）＝（回帰変動の平方和）＋（残差の平方和）\quad ……（3）$$

（3）式の両辺を全変動の平方和で割ると、次のようになります。

$$1 = \frac{（回帰変動の平方和）}{（全変動の平方和）} + \frac{（残差の平方和）}{（全変動の平方和）}$$

$$\frac{（回帰変動の平方和）}{（全変動の平方和）} = 1 - \frac{（残差の平方和）}{（全変動の平方和）}\quad ……（4）$$

　この（4）式の左辺が決定係数となります。つまり、決定係数とは「従属変数全体の変動のうち、予測値の変動で説明できる割合」を意味しています。予測値は独立変数の1次関数から導かれているので、決定係数は「従属変数が独立変数によって予測される割合」ということになるのです。

　なお、実測値と予測値の相関係数のことを重相関係数（multiple correlation coefficient：R）といい、重相関係数Rの値を2乗すると決定係数（R^2）となります。重相関係数Rのとりうる範囲は$0 \leqq R \leqq 1$で、1に近づくほど当てはまりが良い回帰式であることを意味しています。そして、単回帰分析の場合には、重相関係数は独立変数と従属変数の相関係数に一致します。

単回帰分析では、次の2つの帰無仮説と対立仮説を検討します。

● 帰無仮説①：独立変数により従属変数を予測できない

● 帰無仮説②：回帰係数が0である

● 対立仮説①：独立変数により従属変数を予測できる

● 対立仮説②：回帰係数が0ではない

帰無仮説①ではF値、帰無仮説②ではt値と呼ばれる検定統計量を用いて、検討を行います。そして、p値が設定した有意水準よりも小さい場合には、それぞれの丸数字に対応した対立仮説を採択します。

10.3 単回帰分析を行う前に

単回帰分析では、残差について以下の2つの仮定があります。それぞれについて、単回帰分析を実施する際には検討するようにしてください。

（1）残差は正規性を有するか？

Q-Qプロットにより検討します。直線上に点がある場合、残差は正規性を有すると判断します。

（2）残差は独立性を有するか？

Durbin-Watson検定により検定します。この検定の帰無仮説は「残差は独立性を有する」であるため、p値が設定した有意水準よりも大きい場合に、残差は独立性を有すると判断します。

10.4 JASPによる単回帰分析　　　　ファイル ▶ 10章データ.csv

10.4.1 データの用意

最高気温によって、ソフトクリームの売り上げが予測できるのかを検討します。つまり、最高気温が独立変数、ソフトクリームの売り上げが従属変数の単回帰分析を行います。

今回のデータでは、最高気温とソフトクリームの売り上げが記されています。

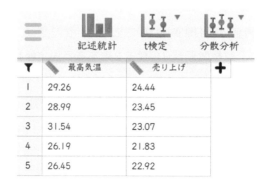

10.4.2 単回帰分析の実施

Step1 ◉ メニューにある「回帰」をクリックし、「伝統的」にある「線形回帰」を選択します（❶）。

Step2 ◉ 従属変数と独立変数（共変量）を設定します。

　今回の場合、売り上げを「従属変数」、独立変数である最高気温を「共変量」に移します（❷）。

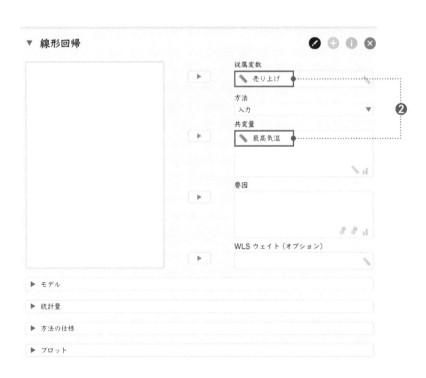

Step3 ◦ 分析ウィンドウにある「統計量」をクリックし、残差の独立性を確認するために「ダービン・ワトソン」をチェックします（**❸**）。

▼ 統計量

回帰係数

- ☑ 推定値
  - ☐ 次から [5000] ブートストラップ
- ☐ 信頼区間 [95.0] ％
- ☐ 共分散行列
- ☐ Vovk-Sellke maximum p比

- ☑ モデルフィット
- ☐ R二乗の変化
- ☐ 記述統計量
- ☐ 部分相関と偏相関
- ☐ 共線性の診断

残差

- ☐ 統計量
- ☑ ダービン・ワトソン ⚫┈┈┈┈ **❸**
- ☐ ケースワイズ診断
  - 標準残差> [3]
  - クックの距離> [1]
  - すべて

Step4 ◦ 分析ウィンドウにある「プロット」をクリックし、Q-Qプロットを確認するために「Q-Qプロット 標準化残差」をチェックします（**❹**）。

▼ プロット

残差プロット

- ☐ 残差と従属変数
- ☐ 残差と共変量
- ☐ 残差と予測値の比較
- ☐ 残差ヒストグラム
  - 標準化残差
- ☑ Q-Qプロット 標準化残差 ⚫┈┈┈┈ **❹**
- ☐ 部分プロット
  - 信頼区間 [95.0] ％
  - 予測区間 [95.0] ％

その他のプロット

- ☐ 周辺効果量プロット
  - 信頼区間 [95.0] ％
  - 予測区間 [95.0] ％

　まず、回帰分析の前提条件である残差の正規性と独立性について確認します。「結果」にある「Q-Qプロット　標準化された残差」にQ-Qプロットが出力されています。今回の場合、ほぼ直線上に点があるので、残差は正規性を有すると判断します。

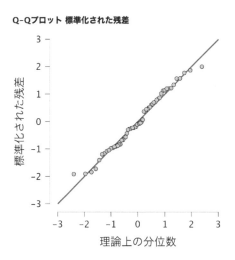

　次に、「結果」にある「モデルの概要 − 売り上げ」に重相関係数、決定係数、Durbin-Watson検定の結果が出力されています。

モデルの概要 − 売り上げ

モデル	R	R^2	調整済み R^2	RMSE	ダービン・ワトソン 自己 相関	統計	Durbin-Watson p
H_0	0.000	0.000	0.000	1.634	0.007	1.930	0.784
H_1	0.426	0.182	0.168	1.491	0.085	1.801	0.458

● モデル：H_0とH_1がありますが、JASPのデフォルトではH_0は独立変数を設定していない回帰式の結果です。多くの場合は、H_1の結果を確認します。

● R：重相関係数です。

● R^2：決定係数です。

● 調整済みR^2：自由度調整済み決定係数です。詳細は次章を参照してください。

● 統計：Durbin-Watson検定の検定統計量です。

● p：Durbin-Watson検定のp値です。

　Durbin-Watson検定のp値が0.458であるため、残差は独立性を有すると判断します。また、この回帰式の決定係数は$R^2 = 0.182$となりました。つまり、最高気温によってソフトリクリームの売り上げの18.2%を予測できるということです。

　ここから回帰分析の結果を確認していきます。まず、帰無仮説①「独立変数により従属変数を予測できない」を検討します。「結果」にある「分散分析」に帰無仮説①の結果が出力されています。

分散分析

モデル		平方和	df	平均二乗	F	p
H_1	回帰	28.618	1	28.618	12.872	< .001
	残差	128.945	58	2.223		
	合計	157.563	59			

注 意味のある情報を表示できないため、切片モデルは省略されています。

　$F(1, 59) = 12.872$、$p < .001$とF値は0.1%水準で有意であるため、帰無仮説①を棄却して、対立仮説①「独立変数により従属変数を予測できる」を採択します。つまり、最高気温によってソフトクリームの売り上げを統計的に予測できると判断します。なお、F値は「$F($回帰変動の自由度, 全変動の自由度$) = F$値」と書きます。

　次に、帰無仮説②「回帰係数が0である」を検討します。「結果」にある「Coefficients」に帰無仮説②の結果が出力されています。

Coefficients

モデル		非標準化	標準誤差	標準化	t	p
H_0	(Intercept)	22.359	0.211		105.981	< .001
H_1	(Intercept)	14.827	2.108		7.034	< .001
	最高気温	0.272	0.076	0.426	3.588	< .001

● 非標準化：標準化されていない回帰係数です。

● 標準誤差：標準化されていない回帰係数のばらつきの大きさである標準誤差です。

● 標準化：標準化回帰係数です。詳細は次章を参照してください。

● t：検定統計量のt値です。

● p：p値です。

　H_1の(Intercept)には切片、最高気温には最高気温の回帰係数に関する結果が出力されています。切片の値は14.827、最高気温の回帰係数は0.272で、それぞれ0.1%水準で有意となりました。そのため、帰無仮説②を棄却して、対立仮説②「回帰係数が0ではない」を採択します。そして、これらの値は、

$$（ソフトクリームの売り上げ）= 14.827 + 0.272 \times（最高気温）$$

という回帰式が得られることを意味しています。つまり、ソフトリクームの売り上げは、最高気温が1℃高くなると、0.272万円高くなると予測できます。

10.5 単回帰分析の結果の報告

単回帰分析の結果を示すうえで、次の項目を報告することが多いです。

● 帰無仮説①「独立変数により従属変数を予測できない」の検定結果
● 回帰係数（B）、標準誤差（SEB）、決定係数（R^2）

 結果の報告例

最高気温（℃）によってソフトクリームの売り上げ（万円）を予測できるかを検討するために、単回帰分析を行った。結果を表に記す。

	B	SEB
切片	14.83*	2.11
最高気温	0.27*	0.08

*$p < .001$

回帰式は0.1%水準で有意であり（$F(1, 59) = 12.872$、$p < .001$）、回帰式の決定係数は$R^2 = .18$であった。単回帰分析の結果から、最高気温は0.1%水準で有意にソフトクリームの売り上げを正に予測することが示された（$B = 0.27$、$p < .001$）。具体的には、最高気温が1℃高くなると、ソフトクリームの売り上げが0.27万円高くなると予測される。

Column

相関と回帰の違い

相関は、因果関係を仮定せずに一対一の組み合わせで変数同士の直線的な関係を計算します。つまり、データxとデータyの相関係数を求めますが、どちらが原因でどちらが結果という関係はわかりません。

一方の回帰では、研究する者が独立変数（説明変数）から従属変数（目的変数）への因果関係を仮定して計算します。つまり、データxが原因と仮定した場合、データyをどのくらい説明できるかを知るために、回帰係数や決定係数を求めます。

ただし、相関と回帰ともに注意が必要なのは、交絡因子によって疑似的に関係が現れる場合があることです。

第 11 章

重回帰分析

11.1 · 重回帰分析とは

場面の例

最高気温と湿度で、ソフトクリームの売り上げを予測できるかな？

アパートの築年数と面積で、家賃を予測できるかな？

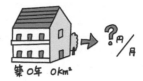

　前の章では、「最高気温が1℃上がると、ソフトクリームの売り上げは0.27万円増える」というように、ある1つのデータから他のデータを予測する単回帰分析について説明しました。しかし、ソフトクリームの売り上げを予測するうえで最高気温だけではなく湿度の影響も知りたいというように、複数の独立変数で従属変数を予測したいということもあるでしょう。そのような場合には、単回帰分析を複数回繰り返すのではなく、複数の独立変数を同時に扱う回帰分析、つまり重回帰分析を行います。

　単回帰分析と同じように、重回帰分析も従属変数を独立変数の1次関数の式で表現しようとします。独立変数がn個の場合、次の予測式（重回帰式）で表現します。

（従属変数）＝ $a + b_1 \times$（独立変数1）＋$b_2 \times$（独立変数2）＋$\cdots$＋$b_n \times$（独立変数n）　……（1）

aは単回帰分析と同じように切片といいますが、b_1からb_nは偏回帰係数（partial regression coefficient）といいます。偏回帰係数と回帰係数はニュアンスが異なることに注意が必要です。偏回帰係数は、「その独立変数の中で他の独立変数から説明されない部分」と従属変数の関係を表すもので、「他の独立変数の値を一定にしたときに、その独立変数が1単位変化したときの従属変数の変化」を意味しています。つまり、独立変数間が無関係である場合を除き、偏回帰係数はその独立変数と従属変数の関係を表すものではないのです。

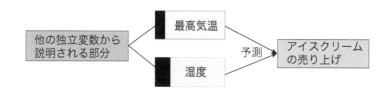

例えば、あるお店でのソフトクリームの売り上げ（万円）、最高気温（℃）、湿度（%）について、

$$（ソフトクリームの売り上げ）＝14.25＋0.15×（最高気温）＋0.03×（湿度）$$

という重回帰式が得られたとしましょう。この式における偏回帰係数は、最高気温が0.15、湿度が0.03となります。前者は「湿度を一定にしたとき、最高気温が1℃上がるにつれて、ソフトクリームの売り上げが0.15万円増える」こと、後者は「最高気温を一定にしたとき、湿度が1%上がるにつれて、ソフトクリームの売り上げが0.03万円増える」ことを意味しています。

　この例では、最高気温と湿度の単位が異なるため、どちらのほうがよりソフトクリームの売り上げを予測するのかはわかりません。そこで、すべての独立変数を平均0、標準偏差1に換算して、変数の単位に依存しないようにします。このときに得られる偏回帰係数のことを標準化偏回帰係数（standardized partial regression coefficient：β）といいます。標準化偏回帰係数は「他の独立変数の値を一定にしたときに、その独立変数が1標準偏差変化したときの従属変数の変化」を意味しています。標準化（偏）回帰係数の値はおよそ－1から1であり、0から離れているほど従属変数への影響が大きいと考えます。

　例えば、先ほどの重回帰式における標準化偏回帰係数は、最高気温が0.34、湿度が0.15であったとします。この場合には、湿度よりも最高気温のほうがソフトクリームの売り上げにより大きな影響を与えていると考えます。

　重回帰分析における予測精度の指標には、単回帰分析と同様に決定係数を用います。しかし、予測の役に立たない独立変数であっても独立変数の数が増えると、決定係数が大きくなるという性質があります。そこで、重回帰分析では独立変数の数を考慮した決定係数である自由度調整済み決定係数（adjusted R^2）を用いることが一般的です。

　重回帰分析では、単回帰分析と同様に次の2つの帰無仮説と対立仮説を検討します。

● 帰無仮説①：独立変数により従属変数を予測できない
● 帰無仮説②：偏回帰係数が0である
● 対立仮説①：独立変数により従属変数を予測できる
● 対立仮説②：偏回帰係数が0ではない

　帰無仮説①ではF値、帰無仮説②ではt値と呼ばれる検定統計量を用いて、検討を行います。そして、p値が設定した有意水準よりも小さい場合には、それぞれの丸数字に対応した対立仮説を採択します。

11.2 独立変数の選択方法

重回帰分析では、独立変数の数が多くなると偏回帰係数の解釈が難しくなることなどから、予測に役立つ変数のみを選択することがあります。独立変数の選択方法として、次のものがあります。

● 変数増加法（forward method）

統計的に予測に最も役立つとされる独立変数から順番に追加する方法です。

● 変数減少法（backward method）

初めにすべての独立変数を選択し、予測に役立たないとされる独立変数を順番に取り除く方法です。

● ステップワイズ法（stepwise method）

変数増加法に変数減少法を組み込んだ方法です。具体的には、順次変数を追加していきますが、一定の基準を満たさない場合には変数を取り除くこともあります。

なお、JASPのデフォルトでは独立変数をすべて投入するようになっています。独立変数の選択を行う場合には、自分で設定する必要があります。

11.3 重回帰分析を行う前に

重回帰分析では、単回帰分析と同様に、残差が正規性と独立性を有することが前提になっていることに注意してください。さらに、以下の2点について注意する必要があります。

（1）サンプルサイズが大きいか

重回帰分析を行うにあたって、サンプルサイズは「独立変数の数×10」、「50＋8×独立変数の数」、「104＋独立変数の数」など、比較的大きいことが求められています。

（2）独立変数間の相関は非常に高くないか

重回帰分析では、独立変数間の相関が非常に強い場合（相関係数の絶対値が0.8から0.9以上）、偏回帰係数の推定が不安定になることが知られています。このような問題のことを多重共線性（multicollinearity）といいます。多重共線性は相関係数に加えて、寛容度（tolerance）とVIF（variance inflation factor）の指標で確認します。寛容度が0.50以上、VIFが2以下であることが望まれており、寛容度が0.10以下、VIFが10以上の場合には多重共線性が発生していると考えます。多重共線性が発生している場合には、①相関の強いペアのいずれかを除外するか、②独立変数の選択を行うと良いでしょう。

11.4 JASPによる重回帰分析

ファイル ▶ 11章データ.csv

11.4.1 データの用意

最高気温と湿度によって、ソフトクリームの売り上げが予測できるのかを検討します。つまり、最高気温と湿度が独立変数、ソフトクリームの売り上げが従属変数の重回帰分析を行います。

今回のデータでは、最高気温、湿度、売り上げが記されています。

	最高気温	湿度	売り上げ	
1	29.26	61.95	24.44	
2	28.99	68.75	23.45	
3	31.54	63.19	23.07	
4	26.19	60.89	21.83	
5	26.45	57.2	22.92	

11.4.2 重回帰分析の実施

Step1 ◉ メニューにある「回帰」をクリックし、「伝統的」にある「線形回帰」を選択します（❶）。

今回の場合、売り上げを「従属変数」、最高気温と湿度を「共変量」に移します（❷）。

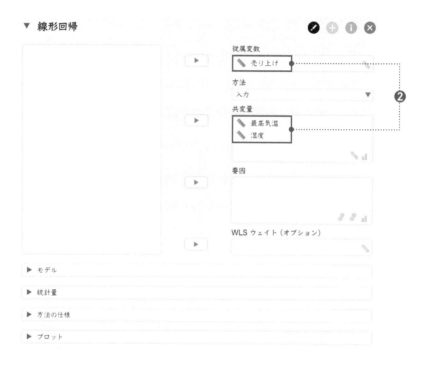

今回は独立変数の選択を行いませんが、選択を行う場合には分析ウィンドウにある「方法」から用いる方法を選択してください。なお、JASPのデフォルトは「入力」、つまりすべての独立変数を投入するように設定されています。

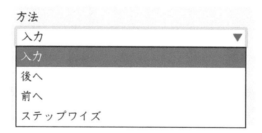

- 入力：すべての独立変数を投入します。
- 後へ：変数減少法です。予測に役立たない独立変数を順番に減らします。
- 前へ：変数増加法です。予測に役立つ独立変数を順番に増やします。
- ステップワイズ：ステップワイズ法です。

Step3 ◉ 分析ウィンドウにある「統計量」をクリックし、残差の独立性を確認するために「ダービン・ワトソン」、多重共線性を確認するために「共線性の診断」をチェックします（❸）。

▼ 統計量

回帰係数

- ☑ 推定値
  - ○ 次から [5000] ブートストラップ
- ○ 信頼区間 [95.0] ％
- ○ 共分散行列
- ○ Vovk-Sellke maximum p比

- ☑ モデルフィット
- ○ R二乗の変化
- ○ 記述統計量
- ○ 部分相関と偏相関
- ☑ 共線性の診断 ⋯⋯⋯⋯⋯⋯⋯⋯⋯⋯

❸

残差

- ○ 統計量
- ☑ ダービン・ワトソン ◂⋯⋯⋯⋯⋯⋯⋯⋯
- ○ ケースワイズ診断
  - 標準残差> [3]
  - クックの距離> [1]
  - すべて

Step4 ◉ 分析ウィンドウにある「プロット」をクリックし、Q-Qプロットを確認するために「Q-Qプロット 標準化残差」をチェックします（❹）。

▼ プロット

残差プロット

- ○ 残差と従属変数
- ○ 残差と共変量
- ○ 残差と予測値の比較
- ○ 残差ヒストグラム
  - 標準化残差
- ☑ Q-Qプロット 標準化残差 ◂⋯⋯⋯⋯ ❹
- ○ 部分プロット
  - 信頼区間 [95.0] ％
  - 予測区間 [95.0] ％

その他のプロット

- ○ 周辺効果量プロット
  - 信頼区間 [95.0] ％
  - 予測区間 [95.0] ％

　まず、重回帰分析の前提条件である残差の正規性と独立性について確認します。「結果」にある「Q-Qプロット 標準化された残差」にQ-Qプロットが出力されています。今回の場合、ほぼ直線上に点があるので、残差は正規性を有すると判断します。

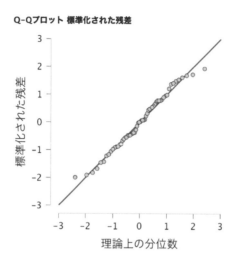

Q-Qプロット 標準化された残差

　次に、「結果」にある「モデルの概要 - 売り上げ」に重相関係数、決定係数、自由度調整済み決定係数、Durbin-Watson検定の結果が出力されています。独立変数を投入したH_1におけるDurbin-Watson検定のp値が0.663であるため、残差は独立性を有すると判断します。

　また、この回帰式の決定係数は$R^2 = 0.240$、自由度調整済み決定係数はadjusted $R^2 = 0.213$となりました。つまり、最高気温と湿度によってソフトクリームの売り上げの24.0%（独立変数の数を考慮した場合には、21.3%）を予測できるということです。

モデルの概要 – 売り上げ ▼

モデル	R	R^2	調整済み R^2	RMSE	自己 相関	統計	Durbin–Watson p
H_0	0.000	0.000	0.000	1.634	0.007	1.930	0.784
H_1	0.490	0.240	0.213	1.450	0.044	1.870	0.663

　ここから回帰分析の結果を確認していきます。まず、帰無仮説①「独立変数により従属変数を予測できない」を検討します。「結果」にある「分散分析」に帰無仮説①の結果が出力されています。

分散分析

モデル		平方和	df	平均二乗	F	p
H_1	回帰	37.777	2	18.888	8.988	< .001
	残差	119.786	57	2.102		
	合計	157.563	59			

注 意味のある情報を表示できないため、切片モデルは省略されています。

　$F(2, 59) = 8.988$、$p < .001$とF値は0.1％水準で有意であるため、帰無仮説①を棄却し、対立仮説①「独立変数により従属変数を予測できる」を採択します。つまり、最高気温と湿度によってソフトクリームの売り上げを統計的に予測できると判断します。

　次に、帰無仮説②「偏回帰係数が0である」ならびに多重共線性の発生を検討します。「結果」にある「Coefficients」に帰無仮説②の結果が出力されています。

Coefficients

モデル		非標準化	標準誤差	標準化	t	p	共線性統計	
							トレランス	VIF
H_0	(Intercept)	22.359	0.211		105.981	< .001		
H_1	(Intercept)	12.268	2.388		5.137	< .001		
	最高気温	0.245	0.075	0.384	3.272	0.002	0.970	1.031
	湿度	0.049	0.024	0.245	2.088	0.041	0.970	1.031

　重回帰分析の結果から、切片の値は12.268で0.1％水準で有意、最高気温の偏回帰係数は0.245で1％水準、湿度の偏回帰係数は0.049で5％水準で有意となりました。そのため、帰無仮説②を棄却して、対立仮説②「偏回帰係数が0ではない」を採択します。そして、これらの値は、

　　（ソフトクリームの売り上げ）＝ 12.268 ＋ 0.245 ×（最高気温）＋ 0.049 ×（湿度）

という回帰式が得られることを意味しています。つまり、ソフトクリームの売り上げは、湿度を一定にしたとき最高気温が1℃高くなると0.245万円高くなり、最高気温を一定にしたとき湿度が1％高くなると0.049万円高くなると予測できます。

　標準化偏回帰係数に着目すると、最高気温は0.384、湿度は0.245という値が得られました。そのため、湿度よりも最高気温のほうがソフトクリームの売り上げを予測すると判断できます。

　そして、多重共線性について確認します。前で説明したように、多重共線性は「共線性統計」にあるトレランス（寛容度）とVIFの値から判断します。最高気温と湿度の寛容度は

0.970、VIFは1.031であり、望ましいとされる「寛容度0.50以上、VIF2以下」をクリア
しています。そのため、今回の場合には、多重共線性は発生していないと判断できます。

11.5 重回帰分析の結果の報告

重回帰分析の結果を示すうえで、次の項目を報告することが多いです。
- 帰無仮説①「独立変数により従属変数を予測できない」の検定結果
- 偏回帰係数（B）、標準誤差（SEB）、標準化偏回帰係数（β）、決定係数（R^2）、自由度調整済み決定係数（adjusted R^2）
- 寛容度あるいはVIF

 結果の報告例

最高気温（℃）と湿度（%）によってソフトクリームの売り上げ（万円）を予測できるか
を検討するために、重回帰分析を行った。結果を表に記す。

	B	SEB	β	VIF
切片	12.27***	2.39		
最高気温	0.25**	0.08	0.38	1.03
湿度	0.05*	0.02	0.25	1.03

*** $p < .001$ ** $p < .01$ * $p < .05$

　回帰式は0.1%水準で有意であり（$F(2, 59) = 8.99$、$p < .001$）、回帰式の決定係数は
$R^2 = .24$、自由度調整済み決定係数はadjusted $R^2 = .21$であった。重回帰分析の結果から、
最高気温は1%水準、湿度は5%水準で有意にソフトクリームの売り上げを正に予測すること
が示された（それぞれ、$B = 0.25$、$\beta = 0.38$、$p < .01$；$B = 0.05$、$\beta = 0.25$、$p < .05$）。
具体的には、ソフトクリームの売り上げは、湿度を一定にしたとき最高気温が1℃高くなる
と0.25万円、最高気温を一定にしたとき湿度が1%高くなると0.05万円高くなると予測さ
れる。

　また、標準化偏回帰係数の値から、湿度よりも最高気温のほうがソフトクリームの売り上
げを強く予測することが示された。

第 **12** 章

因子分析

12.1 因子分析とは

場面の例

頭の良さを測るにはどうしたらいいかな？

優しさの構造はどのようになっているのかな？

　上の例のように、「頭の良さ」や「優しさ」といった目には見えない概念を測定したい、あるいはその概念の構造を明らかにしたいということは、社会科学を中心に行われてきました。これだけではなく、実際に目で観察されたことをうまく説明するために目には見えない概念を想定するということも社会科学では行われています。例えば、国語と社会と英語のテストの点数が高い場合に「あの人は文系の才能があるね」と言われることがあるのではないでしょうか。この「文系の才能」というのはまさに、目には見えないけれど、国語と社会と英語のテストの点数が高いという観察されたことを説明するのには都合が良い概念なのです。このように、直接的には観察することはできないけれど、定義することによって観察されたことをうまく説明できるものを構成概念（construct）といいます。構成概念に当てはまるものには、次のものがあります。

- 論理的思考力、頭の良さ、知能、学力といった認知的能力
- 優しさ、真面目さ、謙虚といった性格
- 興味、努力、目標といった学習意欲

　この構成概念を観測されたデータ（の相関関係）から分析する手法のことを因子分析（factor analysis）といいます。因子分析では、構成概念のことを因子（factor）と呼ぶことが多いので注意しましょう。因子分析のイメージを説明するために、矢印（→）によって表現されたパス図（path diagram）を用います。パス図では、「A→B」は「AはBに影響を与える」や「AはBの原因である」と解釈します。

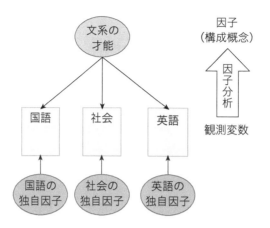

上の図で重要なことは、観測変数（の相関関係）から因子を探る手法が因子分析ですが、そもそもは因子が観測変数に影響を与えているということです。つまり、因子が独立変数で観測変数が従属変数となっているのです。先の例で説明すると、文系の才能が国語と社会と英語のテストの良さを予測するということになります。回帰分析にて説明した通り、従属変数の実際の値を独立変数による予測値だけでは説明できないことがほとんどであり、その説明できない部分のことを残差といいました。因子分析でもこの残差を仮定しており、独自因子（unique factor）と呼びます。なお、上の図では因子と独自因子が丸で囲まれていますが、これは実際には観測できない潜在変数（latent variable）であることを意味しています。

12.2 因子が2つ以上のときは?

前の例では国語と社会と英語を取り上げた場合の因子分析について説明しましたが、ここに数学と理科を加えた場合を考えてみましょう。このときに因子分析を行うと、次のパス図のような結果が得られたとします。なお、図中の実線は強い関連を、破線は弱い関連を表しています。

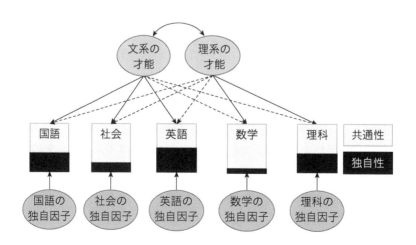

　この因子分析の結果は国語と社会と英語の間、数学と理科の間に強い相関関係が認められたため、前者と後者をそれぞれ説明する因子を想定したものです。これらの因子はそれぞれ「文系の才能」と「理系の才能」であると考えられるので、図中ではそのように命名してあります。

　パス図から、それぞれの観測変数は「文系の才能」と「理系の才能」の両方の因子から影響を受けていることがわかります。例えば、国語は「文系の才能」から強く影響を受けていますが、「理系の才能」からも弱いながらに影響を受けています。この「文系の才能」や「理系の才能」のように、いくつかの観測変数に共通する因子のことを共通因子（common factor）といいます。共通因子から観測変数への影響の強さのことを因子負荷量（factor loading）といい、因子を解釈するうえで重要な情報となります。因子負荷量はおよそ−1から1までの値をとり、その値が±1に近いほど共通因子から観測変数への影響が強いと考えます。基本的には、因子負荷量が大きい項目を説明するのに都合が良い構成概念を想定・命名します。

　この共通因子によって説明される観測変数の分散のことを共通分散（common variance）といい、観測変数の分散のうち共通分散が占める割合のことを共通性（communality）といいます。ある観測変数で共通性が低い場合、共通因子によりその観測変数を説明できないことを意味しています。このような場合には、当該の観測変数を除外して因子分析を再度行うので、共通性は必ず確認しましょう。

　一方、共通因子では説明できず、独自因子が説明する観測変数の分散のことを独自分散（unique variance）、観測変数の分散のうち独自分散が占める割合のことを独自性（uniqueness）といいます。観測変数の分散は共通分散と独自分散からなるので、以下のような関係式が成り立ちます。

$$（共通分散）＋（独自分散）＝（観測変数の分散）$$
$$（共通性）＋（独自性）＝1$$

　つまり、共通分散と独自分散、共通性と独自性は表裏一体の関係にあるので、基本的にはいずれかのみを求めれば良いということです。なお、下の式は、上の式の両辺を（観測変数の分散）で割ることで求められます。

Column

パス図のルール

　パス図を描く際にルールがあります。四角形で囲まれたものは変数です。変数と変数を結ぶ短方向の矢印は、原因と結果を結びます。矢印の先が結果です。双方向の矢印は相関関係を表します。また、矢印付近の数値はパス係数といい、因果関係の場合は標準化偏回帰係数を、相関関係の場合は相関係数を記します。一方、丸や楕円で囲われた変数は潜在変数といい、直接観測されていない仮定の変数です。誤差となる変数も丸で囲い記します。

　また、共通因子がすべての観測変数の変動に影響（寄与）している大きさのことを因子寄与（variance explained）、これを割合で表したものを因子寄与率（proportion of variance explained）といいます。因子負荷量が共通因子から観測変数への影響の強さを表しているのに対して、因子寄与（率）は共通因子が観測変数を説明する程度（割合）を表していることに注意してください。なお、因子寄与はある共通因子から各観測変数への因子負荷量の平方和に等しいです。

　因子寄与や因子寄与率が大きい場合には、その共通因子により観測変数をよく説明できると考えます。そして、各共通因子の因子寄与率を順に足していったものを累積因子寄与率（cumulative proportion of variance explained）といいます。

　例えば、前の例の因子寄与率が、文系の才能では35％、理系の才能では15％であったとします。このとき、「文系の才能という因子によって、観測変数全体の変動を35％説明できる」などを解釈できます。また、文系の才能と理系の才能の累積因子寄与率は50％（＝35％＋15％）となり、「文系の才能と理系の才能という2つの因子によって、観測変数全体の変動を50％説明できる」と解釈します。因子寄与率と累積因子寄与率が低いということは、想定した因子によって観測変数全体を説明できないということを意味しますので、因子分析を行うのが不適当ということになります。それゆえ、因子寄与率と累積因子寄与率も必ず確認しましょう。

　p.118下の図をよくみると、文系の才能と理系の才能の間には両方向の矢印が引かれています。この矢印は、文系の才能と理系の才能の間には相関関係があることを意味しています。このような共通因子間の相関のことを因子間相関（factor correlation）といいます。明確な基準などはありませんが、因子間相関が著しく大きい場合には、その2つの共通因子はまったく別のものなのか、ほとんど同一のものではないかという問題が生じるので注意が必要です。

12.3 ● 因子分析の手順

Step1 ● 観測変数を確認します。

　まず、観測変数が因子分析に適切であるのか、つまり共通因子を抽出できるような相関関係が観測変数の間に認められるのかを検討します。JASPでは、KMOの測度（Kaiser-Meyer-Olkin measure of sampling adequacy）と呼ばれる指標と、Bartlettの球面性検定（Bartlett's test of sphericity）という検定による検討ができます。

KMOの測度は0から1の範囲で値をとり、1に近づくほど共通因子を抽出できるような相関関係が認められることを意味しています。KMOの測度は個々の観測変数だけではなく、観測変数全体についても算出されます。KMOの測度の目安は以下の通りですが、不十分（.50未満）な値のときは、その観測変数を除外すると良いでしょう。

目安	KMOの測度の大きさ
優秀	.90以上
非常に良い	.80以上.90未満
良い	.70以上.80未満
中程度	.50以上.70未満
不十分	.50未満

Kaiser, H. F., & Rice, J. (1974). Little Jiffy, Mark IV. *Educational and Psychological Measurement, 34*(1), 111–117.

Bartlettの球面性検定では、次の帰無仮説と対立仮説を検討します。

● 帰無仮説：観測変数間に相関は認められない

● 対立仮説：観測変数間に相関が認められる

　KMOの測度と異なり、Bartlettの球面性検定は個々ではなくすべての観測変数について検討するものになっています。それゆえ、どの項目を除外すべきかを検討したい場合にはKMOの測度を算出すると良いでしょう。

Step2 ● 因子数を決定します。

　因子分析を行うにあたって、分析者は共通因子の数を決める必要があります。先行研究や理論から共通因子の数が想定される場合にはその数を採用すれば良いのですが、想定されない場合には様々な方法を用いて因子数を決定します。以下では、JASPで実行可能な3つの方法について説明します。

（1）固有値（eigenvalue）に基づく方法

　固有値とは、共通因子がすべての観測変数の変動に影響している大きさ、つまり因子寄与の度合いに関する指標です。固有値が大きいほど、因子寄与も大きいと考えます。この固有値に基づいて因子数を決定する場合には、「固有値1以上のものを因子とする」基準（Kaiser-Guttman基準）を用いることが多いです。

　例えば、第1因子から第4因子の固有値が12.03、5.78、1.32、0.89の場合、固有値が1以上なのは第3因子までなので、因子数は3となります。

（2）スクリープロット（scree plot）に基づく方法

　スクリープロットとは、固有値をプロットした図のことです。JASPでは、次のようなスクリープロットが出力されます。

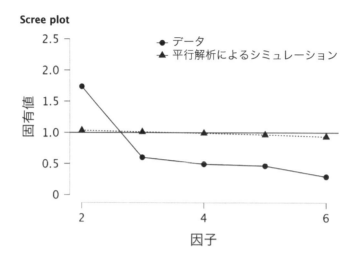

　上の図のように、基本的にスクリープロットは縦軸が固有値、横軸が因子数となります。図では、●と▲がプロットされていますが、●はデータに基づく固有値、▲は乱数によるシミュレーションに基づく固有値となります。

　スクリープロットに基づき因子数を決定する場合には、「データに基づく固有値の落ち込みが激しいところまでのものを因子とする」基準（スクリー基準）を用いることが多いです。上の図の場合、第1因子から第2因子までの落ち込みは激しいですが、第2因子以降の落ち込みはなだらかとなっています。それゆえ、因子数は1となります。

（3）平行分析（parallel analysis）に基づく方法

　平行分析とはデータに基づく固有値と乱数によるシミュレーションに基づく固有値の大きさを比較することで、因子数を決定する手法のことです。平行分析に基づき因子数を決定する場合には、データに基づく固有値（●）よりも、乱数によるシミュレーションに基づく固有値（▲）のほうが大きくなる前までのものを因子とします。上の図の場合、第2因子で乱数によるシミュレーションに基づく固有値（▲）のほうが大きくなるので、因子数は1となります。

　このように、因子数を決定する方法には色々な方法がありますが、1つの方法ではなく複数の方法から因子数を決定するのが望ましいです。そして、何よりも重要なのはその因子数は解釈や説明可能なものであるのかということです。たとえ複数の方法で推奨された因子数であったとしても解釈や説明が不可能であれば、構成概念の妥当性に問題があるということになってしまいます。

Step3 ◉ 因子負荷量の推定法を決定します。

　因子数を決定したあとに、因子負荷量を推定します。因子負荷量の推定方法にも様々なものがあるのですが、JASPで用いることができる方法は次の通りです。

方法	特徴
最小残差法 Minimum residual	JASPのデフォルトの方法です。共通性が1を超えること（不適解）が少ない、最尤法と似た推定結果となります。
最尤法 Maximum likelihood	因子負荷量の推定方法としてよく用いられる方法です。観測変数が正規分布に従っていることが前提です。
主因子法 Principal axis factoring	計算効率は良くありませんが、最尤法や最小2乗法より不適解を出しにくいです（計算上は収束するということですが）。
最小2乗法 Ordinary least squares	観測変数の分布を想定しない方法です。ただし、尺度の単位に影響を受けてしまう方法です。
重み付けされた最小2乗法 Weighted least squares	尺度の単位に影響されないようにした最小2乗法です。しかし、不適解が得られやすいです。
一般化された最小2乗法 Generalized least squares	尺度の単位に影響されないようにした最小2乗法です。しかし、不適解が得られやすいです。
最小カイ2乗法 Minimum chi-square	欠損値が完全にランダムに生じているデータを因子分析するために開発された方法です。
最小ランク法 Minimum rank	独自分散を最小にしようとする方法です。しかし、因子負荷量の推定方法としての知名度は今のところ皆無です。

　上の表にあるように、因子負荷量の推定方法として最尤法を用いることが多いです。しかし、最尤法は観測変数が正規分布に従っていることが前提としていることに注意してください。観測変数の分布が正規分布に従っていないと考えられるときには、JASPのデフォルトである最小残差法や最小2乗法を用いることをおすすめします。

Step4 ◉ 因子負荷量の回転法を決定します。

　因子負荷量の推定をしたあとに、その値を回転（rotation）させることが一般的です。なぜ、わざわざ因子負荷量を推定したのに、その値を回転させるのかと思った人が多いでしょう。その理由を説明するために、回転させなかった場合の因子負荷量とそれをプロットした散布図を導入します。

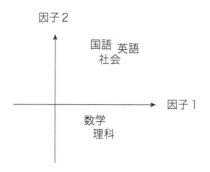

　散布図をみると、それぞれの観測変数が因子1の軸の上下に位置しており、因子1の解釈が難しいという問題が生じます。国語と社会と英語、数学と理科でまとまりができているので、それぞれに強く寄与する因子の存在は読み取れます。しかし、現状だとすべての観測変数について、因子1の因子負荷量が大きいため、その解釈が難しいでしょう。そのため、因子負荷量の本質を変えずに、かつ因子の解釈を簡単にする必要があります。

　因子の解釈が簡単なのは、それぞれの観測変数が1つの因子からのみ高い因子負荷を受け、他の因子の因子負荷量は0に近い、いわゆる単純構造（simple structure）が得られる場合です。そして、この単純構造を得るための方法が因子負荷量の回転なのです。

　回転は直交回転（orthogonal rotation）と斜交回転（oblique rotation）に大きく分けられます。直交回転とは因子の軸を直交させたまま回転させることを指します。直交回転ではいくつかの因子の軸が直交していますが、これは「それぞれの因子の間に相関が認められない」、つまり因子間相関が0であることを意味しています。他方、斜交回転とは因子の軸を直角ではなく斜めに交わらせることで、直交回転と異なり因子間相関があることを意味しています。特に、社会科学の文脈では、構成概念の間に一切の相関が認められないということはあり得ないので、基本的に斜交回転が用いられることが多いです。

　前の因子負荷量の散布図を直交あるいは斜交回転させると、次のようになります。回転することで、因子1は数学と理科に、因子2は国語と英語と社会に強く寄与する因子であることが明確にわかるかと思います。

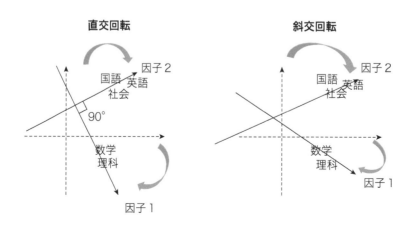

直交回転と斜交回転には様々な方法がありますが、JASPで用いることができる方法は次の通りです。直交回転ではバリマックス回転、斜交回転ではプロマックス回転が用いられることが多いです。しかし、プロマックス回転には理論通りの推定値が得られないという問題点が指摘されているので、斜交回転にはオブリミン回転を用いると良いでしょう。

	方法	特徴
直交回転	バリマックス回転 varimax	因子負荷量の分散（variance）を最大化（max）することで、各因子の特徴を際立たせる方法です。
	クォーティマックス回転 quartimax	因子負荷量が大きいものと0に近いものを多くする、つまり観測変数を説明する因子の数を減らす方法です。
	ベントラー直交回転 bentlerT	bentlerの基準（0から1の値をとり、単純構造のときに1となる指標が最大になるようにする）に基づく方法です。しかし、用いられることはあまりありません。
	エカマックス回転 equamax	バリマックス回転とクォーティマックス回転を組み合わせた方法です。
	直交ジオミン回転 geominT	それぞれの観測変数に影響を与えない因子からの因子負荷量を0に近づけようとする方法です。
斜交回転	プロマックス回転 promax	計算が早く、よく使われる方法です。しかし、理論通りの推定値を得られないので、現在用いる理由はありません。
	オブリミン回転 oblimin	因子負荷量の行列の共分散を最小化して、単純構造を目指す方法です。
	シンプリマックス回転 simplimax	プロマックス回転を改良した方法です。しかし、最適な推定値に辿り着かないことが多いです。
	ベントラー斜交回転 bentler Q	bentlerの基準に基づく方法です。しかし、用いられることはあまりありません。
	クラスター回転 cluster	それぞれの観測変数に強い影響を与えるのは1つの因子のみにしようとする方法です。
	斜交ジオミン回転 geomin Q	それぞれの観測変数に影響を与えない因子からの因子負荷量を0に近づけようとする方法です。

Step5 ● 因子分析の結果の確認と解釈を行います。

回転後の因子負荷量や共通性、因子間相関を確認して、因子の解釈を行います。因子の解釈を行う際には、因子負荷量の大きい観測変数からどのような因子が推察されるのか、どのような性質が共通するのかを推察することが重要になります。

Step6 ● 再分析と項目の選定を行います。

因子の解釈が難しい場合や因子負荷量が複数の観測変数で大きい場合などには、再分析と項目の選定を行います。項目の選定では、次の値を目安にすることが多いです。

● 因子負荷量が0.35（あるいは0.40）未満の観測変数を削除する。

● 独自性が0.84（あるいは0.80）より大きい観測変数を削除する。

● 複数の因子の因子負荷量が大きい観測変数を削除する。

また、観測変数の「平均値±標準偏差」がデータのとりうる値の上限あるいは下限を超えた場合にも削除すべきという人もいます。しかし、これは観測変数の平均が同じであっても散らばりが大きいものは削除するということですので、削除の基準としては望ましくありません。観測変数の「平均値±標準偏差」がデータの上限あるいは下限を超えている、つまり分布に偏りが認められる場合には、最尤法ではなく最小残差法や最小2乗法を用いれば良いだけの話です。

12.4 ● JASPによる因子分析

ファイル ▶ 12章データ.csv

12.4.1 データの用意

国語、地理、英語、数学、化学、物理の成績について因子分析を行い、これらを説明すると考えられる構成概念を検討します。

今回のデータでは、国語、地理、英語、数学、化学、物理の成績が記されています。それぞれの成績は1から6の6段階になっていますが、数値が大きいほど成績が良いとします。

	記述統計	t検定	分散分析	混合モデル	回帰	度数分布	因子	角度統計学
	国語	地理	英語	数学	化学	物理		+
1	4	3	4	3	4	2		
2	4	5	5	3	3	3		
3	4	5	4	4	5	4		
4	4	6	5	2	5	2		
5	3	3	5	2	3	4		

12.4.2 因子分析の実施

Step1 ● メニューにある「因子」をクリックし、「探索的因子分析」を選択します（❶）。

Step2 ● 因子分析に用いる観測変数を「変数」に移します。

　今回の場合、因子分析に用いる観測変数は国語、地理、英語、数学、化学、物理ですので、これらすべてを「変数」に移します（❷）。

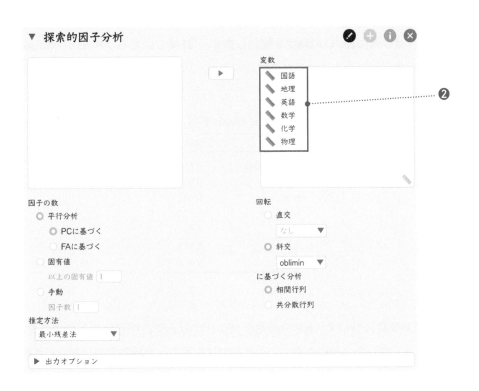

Step3 ● KMOの測度を求めるために、分析ウィンドウにある「出力オプション」を選択し、「KMO検定」にチェックをつけます（❸）。

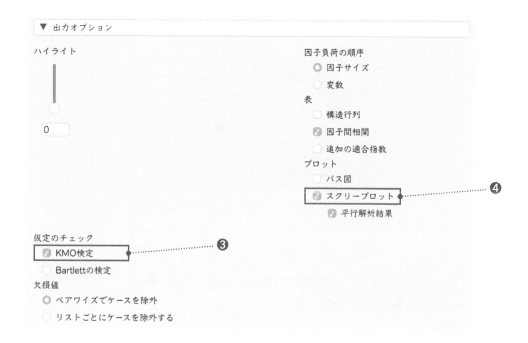

次のStepへ進む前にKMOの測度を確認します。「結果」にある「Kaiser-Meyer-Olkin test」にKMOの測度が出力されています。

Kaiser-Meyer-Olkin検定

	MSA
全体的な MSA	0.699
国語	0.697
地理	0.641
英語	0.720
数学	0.676
化学	0.678
物理	0.808

すべての観測変数について、KMOの測度が0.641以上で、中程度の基準である0.50より大きい値となりました。そのため、この段階では削除すべき観測変数はないと判断できます。

Step4 ● スクリープロットを確認するために、分析ウィンドウにある「出力オプション」を選択し、「スクリープロット」にチェックをつけます（❹）。

次のStepへ進む前にスクリープロットを確認して、因子数を決定します。今回の場合、次のスクリープロットが出力されます。

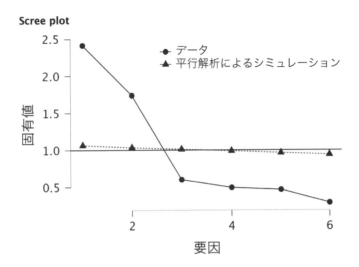

今回の場合、固有値に基づくと1以上なのは第1因子のみなので、因子数は1となります。スクリープロットに基づくと第3因子から落ち込みがなだらかになっているので、因子数は2となります。また、平行分析に基づくと第3因子で乱数のシミュレーションによる固有値のほうが大きくなっているので、因子数は2となります。今回はスクリープロットと平行分析から導かれる因子数2で分析を進めていきます。

なお、因子数を指定する場合には、分析ウィンドウの「因子の数」にある「手動」にチェックをつけ、「因子数」に指定した数を記します。

Column

因子数の決定方法

　因子分析における因子数の決定方法には、以下の古い方法がありました。
（1）ガットマン基準：固有値が1以上の因子を採用する
（2）スクリー基準：固有値の大きさをプロットし、推移がなだらかになる前までを抽出する
（3）寄与率が50〜60％以上になる因子数を採用する
（4）解釈が可能な因子構造を採用する
　しかし、近年の研究により上記の方法の問題が指摘され、以下の方法が主流となっています。
（a）情報量基準
（b）平行分析
（c）MAP（最小平均偏相関）
　その他、様々な方法が提案されていますが、本書では、スクリー基準と平行分析などを考慮して決定しています。

　今回の場合、推定法にはJASPのデフォルトである最小残差法を用います。「推定方法」を「最小残差法」にします（❺）。

　また、因子数を2としたので斜交回転の1つでJASPのデフォルトであるオブリミン回転を用います。「回転」にある「斜交」にチェックをつけ、「oblimin」を選択します（❻）。

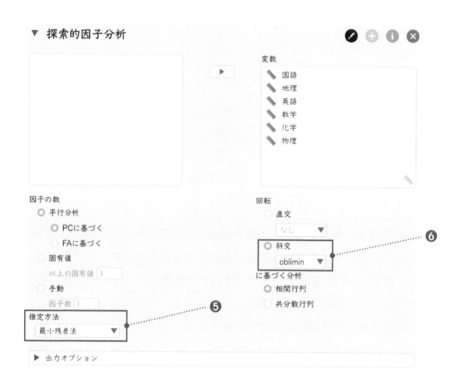

　なお、今回は斜交回転を用いているので因子間相関も算出します。「出力オプション」にある「因子間相関」にチェックをつけます。

「出力オプション」にある因子負荷量の出力ゲージを0にしたうえで（❼）、因子分析の結果を確認します。

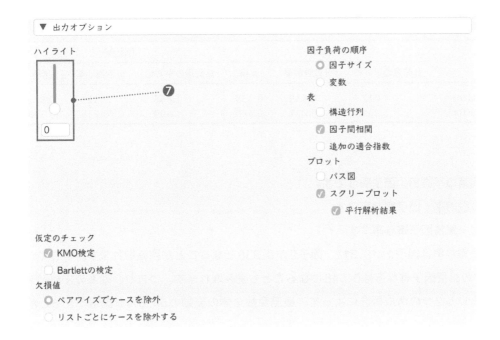

まず、因子負荷量を確認するために、「結果」にある「因子負荷量」をみます。

因子負荷量

	因子 1	因子 2	独自性
数学	0.843	−0.014	0.284
化学	0.836	0.002	0.302
物理	0.662	0.025	0.566
英語	−0.118	0.623	0.573
地理	0.041	0.798	0.373
国語	0.028	0.617	0.625

注 適用された回転方法は oblimin です。

● 因子1（2）：因子1（2）の因子負荷量です。

　因子1は数学と化学と物理、因子2は英語と地理と国語に対して強く寄与していることが読み取れます。因子1にはいわゆる理系の科目が集まっているので「理系の才能」、因子2は文系の科目が集まっているので「文系の才能」と解釈できるでしょう。また、独自性の値を確認すると、最も高いものでも0.625と目安である0.84よりも小さい値なので、削除すべき観測変数はないと判断します。

次に因子寄与率と累積因子寄与率を確認するために、「結果」にある「因子特性」をみます。非回転解と回転解の2つが出力されていますが、今回はオブリミン回転を行っているので、回転解の結果をみます。

因子特性

	非回転解			回転解		
	負荷量の平方和	分散説明率	累積	負荷量の平方和	分散説明率	累積
Factor 1	2.012	0.335	0.335	1.868	0.311	0.311
Factor 2	1.265	0.211	0.546	1.409	0.235	0.546

- 負荷量の平方和：因子寄与です。
- 分散説明率：因子寄与率です。
- 累積：累積因子寄与率です。

因子寄与率は因子1が0.311、因子2が0.235となることが読み取れます。そして、因子2までの累積因子寄与率は0.546になることも読み取れます。つまり、理系の才能と文系の才能という2つの構成概念によって、観測変数全体の変動の54.6%を説明できると解釈します。

最後に因子間相関を確認するために、「結果」にある「因子間相関」をみます。

因子間相関

	Factor 1	Factor 2
Factor 1	1.000	−0.171
Factor 2	−0.171	1.000

因子1と因子2の因子間相関は−0.171と負の相関にあることが読み取れます。

12.5 · 因子分析の結果の報告

因子分析の結果を示すうえで、次の項目を報告することが多いです。

● 用いた観測変数

● 因子数の決定方法と観測変数の削除基準（特に観測変数を削除した場合は必須）

● 因子負荷量の推定方法と回転方法

● 因子負荷量、因子間相関、因子寄与率、累積因子寄与率

● 因子の命名とその根拠

 結果の報告例

国語、地理、英語、数学、化学、物理の成績について因子分析を行った。スクリー基準と平行分析から、2因子解を想定して因子分析（最小残差法・オブリミン回転）を行ったところ、単純構造が得られた。結果を表に記す。

	I	II	独自性
数学	**.84**	-.01	.28
化学	**.84**	.00	.30
物理	**.66**	.03	.57
地理	.04	**.80**	.37
英語	-.12	**.62**	.57
国語	.03	**.62**	.63
因子寄与率	.31	.24	

第1因子は数学と化学と物理という理系の科目が高い因子負荷を示したため、「理系の才能」因子と命名した。第2因子は地理と英語と国語という文系の科目が高い因子負荷を示したため、「文系の才能」因子と命名した。

なお、因子間相関は－.17、累積因子寄与率は.55であった。

カイ2乗検定

13.1 独立性の検定と適合度の検定

喫煙と病気Aには関連があるのかな？

サイコロを30回振ったら、1の目が10回も出た。
このサイコロは大丈夫？

　本書の最後に、例のような質的データの分析方法について説明します。質的データの分析にあたっては、まず分割表（contingency table）を作成することが多いです。例えば、喫煙と病気Aの関係について、次のような分割表が得られたとしましょう。

	病気A感染あり	病気A感染なし	行合計
喫煙あり	100	12	112
喫煙なし	60	45	105
列合計	160	57	217

　行の数が a、列の数が b の分割表のことを「a×b分割表」といいます。なお、行と列の数にはそれぞれの合計はカウントしません。例えば、上の場合は2行2列の分割表ですので、2×2分割表となります。また、各セルの値を度数、行合計と列合計のセルの値を周辺度数といいます。なお、総計である217（人）は周辺度数にならないので、注意してください。

　上の分割表にある喫煙と病気A、つまり行と列に関連があるのか、独立であるのかを検討する手法を独立性の検定（test of independence）といいます。独立性の検定では、χ^2（カイ2乗）値と呼ばれる検定統計量を用いて、次の帰無仮説と対立仮説を検討します。

● 帰無仮説：行と列に関連はない（＝ 行と列は独立である）
● 対立仮説：行と列に関連がある

　これまでの検定と同様に、p値が設定した有意水準より小さい場合に、対立仮説「行と列に関連がある」を採択します。なお、独立性の検定は検定統計量としてχ^2を用いるので、

カイ2乗検定（chi-square test）とも呼ばれます。

　次に、サイコロを30回振った場合の例について考えます。サイコロを30回振ったところ、次のような結果が得られたとしましょう。

	1の目	2の目	3の目	4の目	5の目	6の目
観測度数	10	5	3	3	5	4
期待度数	5	5	5	5	5	5

　上の分割表にある観測度数とは実際に観測された数値、期待度数とは理論的に観測が期待される数値のことです。ちゃんとしたサイコロですと、どの目が出る確率も同様に確からしいので、理論的には30回振るとそれぞれの目が5回ずつ出ることが期待されます。

　このような観測度数と期待度数のズレが必然なのか、偶然なのかを検討する手法を適合度の検定（test for goodness of fit）といいます。適合度の検定では、χ^2値を検定統計量として、次の帰無仮説と対立仮説を検討します。

● 帰無仮説：観測度数と期待度数は適合する

● 対立仮説：観測度数と期待度数は適合しない

これまでの検定と同様に、p値が設定した有意水準より小さい場合に、対立仮説「観測度数と期待度数は適合しない」を採択します。なお、適合度の検定も検定統計量としてχ^2を用いるので、カイ2乗検定と呼ばれます。

　独立性の検定も適合度の検定もカイ2乗検定と呼ばれる通り、どちらの検定とも理論的には同じものとなります。しかし、分析の目的や期待度数が理論的に導出されていることなどに違いがあることには注意してください。

13.2 連関係数

　カイ2乗検定の効果量には、連関係数（coefficient of association）と呼ばれる指標を用います。連関係数とは分割表における行と列の関連の強さを表すもので、量的データにおける相関係数に対応するものです。相関係数と同様に、連関係数も1に近いほど、行と列の関連が強くなる性質があります。

　JASPで出力される連関係数にはファイ係数（phi coefficient：ϕ）とCramerの連関係数（Cramer's measure of association：V）があります。ファイ係数は2×2分割表で使用できる連関係数で、$0 \leqq \phi \leqq 1$の範囲で値をとります。一方、Cramerの連関係数はファイ係数を2×2に限らないすべてのa×b分割表まで拡張した連関係数で、$0 \leqq V \leqq 1$の範囲で値をとります。それゆえ、2×2分割表の場合にはファイ係数、それ以外の場合にはCramerの連関係数を用いると良いでしょう。また、ファイ係数とCramerの連関係数の大きさの目安は次の通りです。

連関係数	自由度 df	わずかな （trivial）	小さい （small）	中程度の （medium）	大きい （large）
ϕ	1	.10未満	.10以上 .30未満	.30以上 .50未満	.50以上
V	2	.07未満	.07以上 .21未満	.21以上 .35未満	.35以上
V	3	.06未満	.06以上 .17未満	.17以上 .29未満	.29以上
V	4	.05未満	.05以上 .15未満	.15以上 .25未満	.25以上
V	5	.04未満	.04以上 .13未満	.13以上 .22未満	.22以上

Cohen, J. (1988). *Statistical power analysis for the behavioral sciences* (2nd ed.). Lawrence Erlbaum Associates, Publishers.

13.3 残差分析

　カイ2乗検定で明らかになるのは、独立性の検定では行と列の関連、適合度の検定では観測度数と期待度数の適合であり、それぞれの度数の大小については定かではありません。そこで、カイ2乗検定に有意差が認められた場合には、残差分析（residual analysis）を行い、それぞれの度数の大小について検討します。

　残差は観測度数と期待度数の差と定義されますが、カイ2乗検定では残差を補正した値である調整済み残差（adjusted residual）を用います。調整済み残差は次の式で求められます。

$$\text{調整済み残差} = \frac{（観測度数 - 期待度数）}{\sqrt{期待度数 \times \left(1 - \dfrac{行の合計}{総計}\right) \times \left(1 - \dfrac{列の合計}{総計}\right)}}$$

調整済み残差は標準正規分布に従うため、その値と有意確率は次のように対応します。

調整済み残差の値	有意確率
1.96より大きい（−1.96より小さい）	5%（$p < .05$）
2.56より大きい（−2.56より小さい）	1%（$p < .01$）
3.29より大きい（−3.29より小さい）	0.1%（$p < .001$）

　なお、調整済み残差の算出はJASPでは実行できないため、自分で計算するか、Rやjs-STARのような統計ソフトウェア環境を用いる必要があります。

13.4 オッズ比とリスク比

　医学や看護学、疫学では、2×2分割表のデータについて**リスク比**（risk ratio）や**オッズ比**（odds ratio）と呼ばれる指標が用いられることがあります。これらについて、先の喫煙と病気Aの分割表をもとに説明します。

　リスク比とオッズ比を説明する前に**暴露**（exposure）について説明します。暴露とは、危険や害の有無を問わず何らかの条件に晒されることを表します。今回の場合、喫煙ありが暴露、喫煙なしが非暴露ということになります。

（1）リスク

　リスクとは特定の群での発生確率のことです。例えば、暴露群のリスク、つまり喫煙者における病気Aのリスクは次のようになります。

$$喫煙者の病気Aのリスク = \frac{100}{112} ≒ 0.8929 ≒ 89.29\%$$

（2）リスク比

　リスク比は暴露群のリスクと非暴露群のリスクの比と定義され、次のように表すことができます。

$$リスク比 = \frac{暴露群のリスク}{非暴露群のリスク}$$

例えば、今回の場合のリスク比は次のようになります。

$$リスク比 = \frac{100 / 112}{60 / 105} ≒ 1.56$$

リスク比が約1.56倍であるということは、「喫煙ありの人は喫煙なしの人に比べて、病気Aになる確率が約1.56倍（約56％高くなる）」を意味しています。

（3）オッズ

　オッズとは発生する確率と発生しない確率の比のことで、次のように表すことができます。

$$オッズ = \frac{発生する確率}{発生しない確率}$$

例えば、暴露群のオッズ、つまり喫煙者の病気Aのオッズは次のようになります。

$$\text{喫煙者の病気Aのオッズ} = \frac{100}{12} \fallingdotseq 8.33$$

喫煙者の病気Aのオッズが約8.33倍であるということは、「喫煙者で病気Aにかかる確率は病気Aにかからない確率の約8.33倍」を意味しています。

（4）オッズ比

オッズ比とは暴露群のオッズと非暴露群のオッズの比と定義され、次のように表すことができます。

$$\text{オッズ比} = \frac{\text{暴露群のオッズ}}{\text{非暴露群のオッズ}}$$

例えば、今回の場合のオッズ比は次のようになります。

$$\text{オッズ比} = \frac{100 / 12}{60 / 45} = 6.25$$

オッズ比が6.25倍であるということは、「喫煙ありの人は喫煙なしの人に比べて、病気Aになる確率が6.25倍」を意味していません（このように解釈する人が結構いますが、誤りです）。つまり、オッズ比をリスク比のように解釈してはいけないのです。オッズ比からわかることは、その値が1より大きいと暴露群のほうが、1より小さいと非暴露群のほうが病気の発症確率が高いということです。

　以上を踏まえると、オッズ比よりもリスク比のほうがわかりやすく、かつ扱いやすいと思う人が多いかもしれません。しかし、医学や看護学、疫学ではリスク比よりもオッズ比が用いられています。詳細は本書のレベルを超えるので触れませんが、リスク比よりもオッズ比のほうが用いられる理由は次の通りです。

● リスク比と異なり、オッズ比には値の上限がない（0〜∞）。

● リスク比と異なり、オッズ比は様々な研究方法において適用できる。

● 病気の発症率が低い場合には、オッズ比はリスク比の近似式として使用できる。

　なお、JASPではオッズ比だけではなく、オッズ比の自然対数をとったものである対数オッズ比（log odds ratio）を求めることもできます。オッズ比の値には上限がなく下限はありますが、対数オッズ比の値には上限と下限はありません。対数オッズ比の値が0より大きいと暴露群のほうが、0より小さいと非暴露群のほうが病気の発症確率が高いと解釈します。オッズ比と対数オッズ比のどちらを用いるかは、当該領域のルールに従うと良いでしょう。

13.5 カイ2乗検定を行う前に

カイ2乗検定を行う前に、次の3つのことに注意する必要があります。分析を行う前、あるいは最中に必ず確認するようにしてください。

（1）期待度数が5以上であるか？

カイ2乗検定では、セルの期待度数に注意を払う必要があります。2×2分割表の場合、いずれかのセルの期待度数が5未満であるとχ^2分布に従わなくなります。また、2×2以外の分割表の場合、期待度数が5未満のセルが全体の20%以上あるとχ^2分布に従わなくなります。そのため、これらが該当する場合にはYatesの連続補正かFisherの直接確率検定を行う必要があります。JASPではYatesの連続補正は常に、Fisherの直接確率検定は2×2分割表のときのみに実行できます。

（2）比率ではなく、人数や回数といった頻度を用いているか？

カイ2乗検定では比率が同じであったとしても、そもそもの人数や回数といった頻度によって統計的な有意差が認められたり、認められなかったりします。そのため、カイ2乗検定では比率ではなく、人数や回数といった頻度を用いることが前提となっています。

具体例として、暴露と発症に関する分割表（a）を検討します。分割表（a）についてカイ2乗検定を行うと、$\chi^2(1) = 1.88$、$p = 0.17$となり、統計的な有意差は認められません。分割表（a）の人数の割合を変えずに度数を10倍に増やしたものを分割表（b）とします。つまり、暴露群と非暴露群で発症率は分割表（a）、（b）とも同じになります。しかし、分割表（b）についてカイ2乗検定を行うと、$\chi^2(1) = 31.88$、$p = 0.00$となり、0.1%水準で統計的な有意差が認められます。この例のように、比率が同じであったとしても頻度が異なると、統計的な有意差が認められたり、認められなかったりするので、カイ2乗検定を行う場合には比率と頻度の両方を確認するようにしましょう。

（a）	発症	非発症
暴露	8	2
非暴露	4	6

10倍する →

（b）	発症	非発症
暴露	80	20
非暴露	40	60

（3）行と列は対応なしデータであるか？

カイ2乗検定では、行と列は対応なしデータであることが前提となっています。つまり、暴露群と非暴露群のように異なる人やもの、動物から、発症と未発症のように異なる条件のデータを集めることが前提です。そのため、行と列が対応ありデータである場合にカイ2乗検定を行うことは誤りです。行と列が対応している具体例をあげると、次のようなものがあ

ります。

● 同じ人にある治療法を施し、実施前後での症状の有無の関連を検討する。

● 同じ人を対象に2つのテレビ番組AとBの視聴の有無を尋ねて、その関連を検討する。

		治療法後	
		症状あり	症状なし
治療法前	症状あり	5	40
	症状なし	8	8

		番組B	
		視聴あり	視聴なし
番組A	視聴あり	15	40
	視聴なし	20	10

行と列が対応ありデータである場合、2×2分割表ではMcNemar検定、2×2以外の分割表ではCochranのQ検定を行います。ただし、McNemar検定とCochranのQ検定はJASPでは実行できないため、Rやjs-STARのような統計ソフトウェア環境を用いる必要があります。

13.6 JASPによるカイ2乗検定

ファイル ▶ 13章データ.csv

13.6.1 データの用意

食品Aの暴露と病気Bの発症の関連を独立性の検定、つまりカイ2乗検定により検討します。用いるデータを分割表と行列形式で表したものは次の通りです。

	病気Bを発症	病気Bを未発症
食品Aを暴露	67	23
食品Aを非暴露	4	10

13.6.2 カイ2乗検定の実施

Step1 ◉ メニューにある「度数分布」をクリックし、「伝統的」にある「分割表」を選択します（**❶**）。

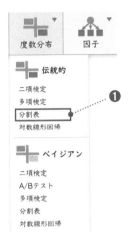

Step2 ◉ 行と列の変数を設定します。

今回の場合、Aを「行」、Bを「列」に移します（**❷**）。

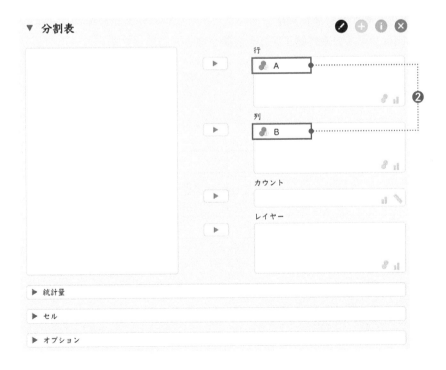

Step3 ● 分析ウィンドウにある「セル」をクリックし、期待度数を算出するために「期待値」を選択します（**③**）。

　次のStepへ進む前に、「結果」にある「分割表」を確認してYatesの連続補正を行う必要があるかどうかを決定します。

分割表

A		B 発症	B 未発症	合計
暴露	Count	67.000	23.000	90.000
	期待度数	61.442	28.558	90.000
非暴露	Count	4.000	10.000	14.000
	期待度数	9.558	4.442	14.000
合計	Count	71.000	33.000	104.000
	期待度数	71.000	33.000	104.000

　2行2列、つまり食品Aの非暴露かつ病気Bが未発症の人の期待度数が4.442と5未満であるので、今回はYatesの連続補正を行う必要があると判断します。

Column

単純な期待度数の求め方

　期待度数とは、得られたデータの行と列の合計をそのままに、項目間の理論的な比率に計算しなおした値です。

	項目1	項目2	行合計
項目A	期待度数a	期待度数c	合計A
項目B	期待度数b	期待度数d	合計B
列合計	合計1	合計2	総合計

合計A, Bと合計1, 2は実際に得られたデータの表から用いる。

　　期待度数a＝（合計A×合計1）÷総合計
　　期待度数b＝（合計B×合計1）÷総合計
　　期待度数c＝（合計A×合計2）÷総合計
　　期待度数d＝（合計B×合計2）÷総合計
　で求まります。

Step4 ● 分析ウィンドウにある「統計量」をクリックし、Yatesの連続補正を行うために「χ²連続性補正」、連関係数を算出するために「ファイとクレイマーのV」を選択します（❹）。

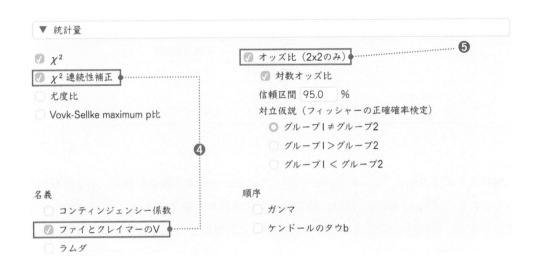

今回の場合、2×2分割表ですので「オッズ比（2×2のみ）」も選択し（❺）、対数オッズ比を算出します。なお、対数オッズ比のチェックを外すと、オッズ比に関する結果が出力されます。

Step5 ● カイ2乗検定の結果を確認します。

「結果」の「カイ二乗検定」にカイ2乗検定の結果が出力されます。

カイ二乗検定

	値	df	p
χ²	11.769	1	< .001
χ² 連続性の修正	9.747	1	0.002
N	104		

● 値：検定統計量であるχ^2値です。

● df：χ^2の自由度です。

今回の場合は期待度数が5未満のセルがあるので、Yatesの連続補正を行った結果である「χ^2連続性の修正」を確認します。結果はχ^2値が9.747、自由度が1、p値が0.002となりました。p値が本書全体で設定した有意水準である5%より小さい値であるので、「行と列に関連はない」（帰無仮説）を棄却して「行と列に関連がある」（対立仮説）を採択します。つまり、食品Aの暴露と病気Bの発症には関連があると判断します。

では、食品Aの暴露と病気Bの発症の関連を対数オッズ比から詳細に検討しましょう。対数オッズ比は「結果」の「対数オッズ比」に出力されます。

対数オッズ比

| | 対数オッズ比 | 95% 信頼区間 | | p |
		下	上	
Odds ratio	1.985	0.733	3.238	
フィッシャーの直接確率検定	1.963	0.607	3.532	0.001

対数オッズ比の値は「Odds ratio」と「フィッシャーの直接確率検定」と2種類出力されています。「Odds ratio」は特に補正をせずに求めた対数オッズ比、「フィッシャーの直接確率検定」はFisherの直接確率検定から求めた対数オッズ比となります。今回は期待度数が5未満のセルがあるので、「フィッシャーの直接確率検定」の結果を確認しましょう。対数オッズ比の値は1.963、95％信頼区間の下限が0.607、上限が3.532となりました。対数オッズ比が正の値であるので、「食品Aを暴露した人のほうが病気Bの発症確率が高い」と判断します。

最後に連関係数の値から、Aを食べることと病気Bを発症することの関連の強さを検討します。連関係数は、「結果」の「名義」に出力されます。

名義

	値
ファイ係数	0.336
クラメールのV	0.336

今回の場合、2×2分割表ですのでファイ係数を確認します。ファイ係数の値は0.336となりました。大きさの目安（p.136）から、食品Aの暴露と病気Bの発症の関連の強さは中程度であると判断します。

13.7 カイ2乗検定の結果の報告

カイ2乗検定の結果を示すうえで、次の項目を報告することが多いです。

● 観測度数を記した分割表（残差分析を行った場合には残差を記すことが多い）

● χ^2値、自由度、p値、連関係数

● 2×2分割表かつ（対数）オッズ比に関心がある場合には、（対数）オッズ比とその信頼区間

→95％信頼区間を報告する場合には、（対数）オッズ比の値[95％信頼区間の下限, 95％信頼区間の上限]と書くことが多いです。

 結果の報告例

食品Aの暴露と病気Bの発症の関連を検討した。分割表を以下に記す。

	病気Bを発症	病気Bを未発症
食品Aを暴露	67	23
食品Aを非暴露	4	10

期待度数が5未満のセルがあったので、Yatesの連続補正を施したカイ2乗検定を行ったところ、1％水準で有意差が認められた（$\chi^2(1) = 9.75$、$p < .01$）。また、その効果量はCohen(1988)に基づくと中程度の値であった（$\phi = .34$）。対数オッズ比の値は1.96[0.61, 3.53]であり、Aを食べた人のほうが病気Bの発症確率が高いことが示された。

Column

オッズ比の大きさの目安

あまり検討されることはないのですが、オッズ比の大きさの目安として以下のものがあります。

目安	オッズ比の大きさ	
	Cohen (1988)	Chen et al. (2010)
強い関連	4.27以上	6.71以上
中程度の関連	2.48以上4.27未満	3.47以上6.71未満
弱い関連	1.44以上2.48未満	1.68以上3.47未満
とても弱い関連	1.44未満	1.68未満
対象分野	行動科学研究全般	疫学研究

Chen, H., Cohen, P. & Chen, S. (2010). How big is a big odds ratio? Interpreting the magnitudes of odds ratios in epidemiological studies. *Communications in Statistics - Simulation and Computation*, *39*, 860-864.
Cohen, J. (1988). *Statistical power analysis for the behavioral sciences* (2nd ed.). Lawrence Erlbaum Associates, Publishers.

付録：効果量の大きさの目安一覧

Cohen's *d*、Glass's *d*、Hedges's *g*

使用する分析 *t*検定

目安	*d*の大きさ			
	Cohen（1988）	Gignac＆Szodorai （2016）	Kraft（2020）	Lovakov＆Agadullina （2021）
わずかな効果（差）	0.20未満	0.20未満	―	0.15未満
小さい効果（差）	0.20以上 0.50未満	0.20以上 0.41未満	0.05未満	0.15以上 0.36未満
中程度の効果（差）	0.50以上 0.80未満	0.41以上 0.63未満	0.05以上 0.20未満	0.36以上 0.65未満
大きい効果（差）	0.80以上	0.63以上	0.20以上	0.65以上
対象分野	行動科学研究 全般	性格などの 個人差研究	学力を対象とした 教育介入研究	社会心理学研究

η^2

使用する分析 分散分析

目安	η^2の大きさ
わずかな効果（差）	0.01未満
小さい効果（差）	0.01以上0.09未満
中程度の効果（差）	0.09以上0.14未満
大きい効果（差）	0.14以上

r

| 使用する分析 | **無相関検定** |

目安	*r*の大きさ			
	数学の慣習的な目安	Cohen（1988）	Gignac＆Szodorai（2016）	Funder＆Ozar（2019）
とても強い相関	―	―	―	±0.4〜±1.0
強い相関	±0.7〜±1.0	±0.5〜±1.0	±0.3〜±1.0	±0.3〜±0.4
中程度の相関	±0.4〜±0.7	±0.3〜±0.5	±0.2〜±0.3	±0.2〜±0.3
弱い相関	±0.2〜±0.4	±0.1〜±0.3	±0.1〜±0.2	±0.1〜±0.2
とても弱い相関	0〜±0.2	0〜±0.1	0〜±0.1	±0.05〜±0.1
極めて弱い相関	―	―	―	0〜±0.05
対象分野	科学全般	行動科学研究全般	性格などの個人差研究	心理学研究

索引

著者紹介

清水優菜（しみずゆうの）
2015 年　横浜国立大学教育人間科学部学校教育課程卒業
2017 年　横浜国立大学大学院教育学研究科前期博士課程修了
2021 年　慶應義塾大学大学院社会学研究科後期博士課程単位取得満
　　　　　期退学
現　在　国士舘大学文学部講師

山本光（やまもと こう）
1994 年　横浜国立大学教育学部中学校教員養成課程卒業
1996 年　横浜国立大学大学院教育学研究科前期博士課程修了
2004 年　横浜国立大学大学院環境情報学府後期博士課程単位取得満
　　　　　期退学
現　在　横浜国立大学教育学部教授

NDC350　　　159p　　　26 cm

JASP（ジャスプ）で今（いま）すぐはじめる統計解析入門（とうけいかいせきにゅうもん）
心理（しんり）・教育（きょういく）・看護（かんご）・社会系（しゃかいけい）のために

2022 年 9 月 6 日　第 1 刷発行
2024 年 4 月 18 日　第 3 刷発行

著　者　清水優菜（しみずゆうの）・山本　光（やまもと こう）
発行者　森田浩章
発行所　株式会社　講談社
　　　　〒 112-8001　東京都文京区音羽 2-12-21
　　　　　販　売　(03) 5395-4415
　　　　　業　務　(03) 5395-3615

KODANSHA

編　集　株式会社　講談社サイエンティフィク
　　　　代表　堀越俊一
　　　　〒 162-0825　東京都新宿区神楽坂 2-14　ノービィビル
　　　　　編　集　(03) 3235-3701
本文データ制作　株式会社エヌ・オフィス
印刷・製本　株式会社ＫＰＳプロダクツ

ISBN 978-4-06-529294-5